# APERÇU GÉOLOGIQUE

## DU CANTON

# DE GUEBWILLER

MÉMOIRE HONORÉ D'UNE MÉDAILLE DE BRONZE PAR LA SOCIÉTÉ
INDUSTRIELLE DE MULHOUSE

PAR

## EUG. DURRWELL

DOCTEUR EN MÉDECINE,
EX-CHIRURGIEN DE MARINE, MEMBRE DE LA SOCIÉTÉ GÉOLOGIQUE DE FRANCE

Ouvrage accompagné d'une carte géologique du canton

GUEBWILLER
CHEZ J. B. JUNG, IMPRIMEUR-LIBRAIRE
1856.

# APERÇU GÉOLOGIQUE

## DU CANTON

# DE GUEBWILLER

Typ. et Lith. de J. B. à Guebwiller. (Haut-Rhin).

# APERÇU GÉOLOGIQUE

## DÚ CANTON

# DE GUEBWILLER

MÉMOIRE HONORÉ D'UNE MÉDAILLE DE BRONZE PAR LA SOCIÉTÉ
INDUSTRIELLE DE MULHOUSE

PAR

## EUG. DURRWELL

DOCTEUR EN MÉDECINE,

EX-CHIRURGIEN DE MARINE, MEMBRE DE LA SOCIÉTÉ GÉOLOGIQUE DE FRANCE

**Ouvrage accompagné d'une carte géologique du canton**

GUEBWILLER
CHEZ J. B. JUNG, IMPRIMEUR-LIBRAIRE
1856.

Ce livre n'est pas fait pour les savants ; je sais ce qu'il vaut, et j'ai de très bonnes raisons pour ne point m'adresser à cette classe de lecteurs. En exposant, en termes souvent peu scientifiques, quelques observations très élémentaires recueillies dans mes courses de tous les jours, je sais bien que je n'ai pas le droit d'aspirer à un succès très-retentissant. Cependant, quelque modeste que soit mon travail, et quelque peu ambitieuses que soient mes visées, si j'étais parvenu à mettre à la portée de tout le monde les principes généraux de la Géologie et à faire entrevoir les applications les plus directes auxquelles ces principes peuvent donner lieu, j'aurais, je crois, fait une chose utile, et j'aurais, par conséquent, la satisfaction d'avoir atteint le but que

je m'étais proposé, but vers lequel devraient
tendre la plupart de nos actions, s'il est vrai,
comme l'a dit Descartes, que «c'est proprement ne valoir rien que de n'être utile à
personne.»

# I.

Apprendrai-je une chose neuve à quelqu'une des personnes auxquelles je m'adresse en disant que le coin de terre que nous habitons est tout simplement l'un des plus admirables pays du monde? Que sais-je? Quelque bonne opinion que j'aie de la clairvoyance de mes concitoyens, j'hésiterais à affirmer que cette grosse vérité n'ait pas passé inaperçue pour bon nombre d'entr'eux.

C'est que nous sommes ainsi faits. J'ai pour voisin un fort honnête homme auquel je ne connais d'autre défaut que celui que je vais avoir l'indiscrétion de vous révéler; il aime trop les cactus. Je n'ai aucune antipathie particulière pour ce végétal qui est beau à sa manière et qui fait sa partie dans le grand con-

cert de la nature, comme le dernier brin d'herbe de
la création, mais je déclare que je lui préfère de
beaucoup une marguerite, un bleuet, la fleur la plus
commune de nos prés ou de nos champs. Pourquoi
donc mon voisin aime-t-il tant les cactus? Eh! mon
Dieu! c'est précisément par la raison même que mar_
guerites et bleuets croissent dans nos prés et dans
nos champs et que nous n'avons, pour ainsi dire,
qu'à nous baisser pour en prendre, tandis que ces
pelotes vertes hérissées d'aiguilles ont le mérite de
venir de l'Inde, de la Chine, enfin de bien loin.

Ne nous hâtons pas trop de rire de cette homme et
demandons-nous d'abord si, par un côté ou par un
autre, nous ne lui ressemblons pas tous quelque peu.

D'après les lois connues de l'optique, les objets
doivent nous paraître d'autant plus petits qu'ils sont
plus éloignés de nous; mais pour les yeux de l'imagination, les choses se passent d'une toute autre
manière; pour eux, les objets grandissent au contraire, à mesure qu'ils s'éloignent. Vous avez gravi
cent fois la montagne voisine; en réfléchissant un
peu, vous trouverez peut-être que vous ne l'avez
jamais vue, que vous ne vous êtes même jamais
douté qu'il y ait là quelque chose à voir. Rien ne
peut vous distraire pendant votre ascension; vous
avez hâte d'atteindre le sommet, et là, vous vous
empressez de chercher du regard les objets placés
aux limites les plus reculées de l'horizon. Ces montagnes lointaines dont la ligne bleuâtre se détache
vaguement sur le fond azuré du ciel, ne sont-ce

pas les Alpes? Je vois d'ici les Alpes! le pays de mes rêves! Que ne puis-je me transporter sur la plus haute de ces cimes neigeuses!... probablement pour voir ce qui se trouve au-delà. Une fois lancée dans cette voie, la folle du logis va loin et je ne vois pas pour quelle raison elle s'arrêterait, car, à ce compte, le pays le plus merveilleux du monde se trouve nécessairement aux Antipodes.

Remettons la longue-vue dans son étui et ramenons nos regards sur des objets plus distincts et plus rapprochés de nous.

En métaphysique, on prend ordinairement pour point de départ la connaissance de soi-même pour s'élever, de là, aux lois les plus générales de l'entendement humain et aux plus sublimes spéculations de la psychologie. Sans vouloir établir de comparaison entre deux ordres de faits tout-à-fait dissemblables, nous pouvons cependant dire que c'est en suivant une méthode analogue, en étudiant avant tout, la partie du monde physique qui nous touche le plus immédiatement, que nous arrivons à la notion la plus complète de la matière et des lois qui la régissent.

La partie du monde physique avec laquelle nous sommes le plus immédiatement en contact est, bien certainement, le carré de terre que recouvre la plante de nos pieds; c'est là notre support nécessaire, le piédestal de la créature humaine, la propriété dans son essence, propriété dont jamais sophiste en songera à nous contester la légitimité.

C'est par là, ce me semble, que devrait invariablement commencer toute étude sérieuse du monde extérieur et de ses lois. Eh bien! je ne crains pas d'être contredit en affirmant que l'histoire physique du globe, cette partie *fondamentale des sciences naturelles et même de l'histoire des hommes et de tout ce qu'il leur importe le plus de savoir relativement à eux-mêmes* (*), est précisément la plus délaissée et la moins vulgarisée de toutes les sciences.

J'ignore la cause de cet injuste abandon; je ne crois cependant pas qu'il soit nécessaire d'apporter ici de nombreuses preuves de l'importance de cette étude; c'est par elle que nous sont révélées les différentes transformations que notre globe a subie depuis les temps les plus reculés jusqu'à nos jours, histoire de l'œuvre de Dieu, aussi intéressante, vous l'avouerez, que le récit des faits et gestes de tel ou tel homme réputé grand; c'est elle qui nous fournit sur la compositon du sol, sur le gisement des minérais, sur les sources, les cours d'eau, des données de la plus haute importance pratique, et dont la connaissance est indispensable à quiconque désire s'occuper d'une manière intelligente d'industrie, d'agriculture ou d'hygiène publique ou privée.

Mon intention n'est pas de faire ici un cours complet de Géologie. Je ne parle pas du haut d'une chaire, et puis, il faut bien le dire, le

(*) Cuvier, Discours sur les révolutions du Globe.

temps et les forces me feraient défaut pour une semblable tâche. Je voudrais dans une série d'entretiens que je m'efforcerai de rendre intelligibles pour tous, développer devant mes lecteurs les lois fondamentales de la Géologie, afin de leur faciliter la lecture des auteurs qui ont traité de la même matière d'une manière plus étendue et plus savante, et de faire naître en eux le désir d'approfondir une science aussi attrayante que féconde en applications utiles.

La grande difficulté de ce genre de démonstrations réside surtout dans l'impossibilité où nous nous trouvons, nous, habitants des petites villes et de la campagne, de visiter d'une manière assidue les musées et les grandes collections scientifiques. La description la plus exacte d'un échantillon de roche, par exemple, ne nous donnera, le plus souvent, qu'une idée fort imparfaite de l'objet décrit; dans ces cas, il faut voir et toucher. Je crois que cette difficulté sera en partie aplanie pour nous, par cela même que le cercle de nos opérations sera très limité. Les cailloux que nous heurtons du pied dans les sentiers que nous parcourons tous les jours seront nos échantillons et notre canton deviendra pour nous un musée géologique, collection incomplète, mais qui aura l'immense avantage de nous montrer les objets dans leurs rapports naturels, et de nous faire toucher du doigt, pour ainsi dire, la cause des principaux phénomènes dont ces lieux ont été le théâtre et qui ont successivement modifié leur structure et leur configuration.

Notre plan sera des plus simples.

Nous jetterons d'abord un coup d'œil à vol d'oiseau sur la surface du terrain que nous nous proposons d'explorer; ce sera une manière de poser nos jalons, de nous rafraîchir la mémoire à l'endroit de la géographie du canton et de nous faire une idée d'ensemble de sa *constitution physique*.

Nous chercherons ensuite à déterminer les différents éléments géologiques qui entrent dans la composition de la portion d'écorce terrestre comprise dans les limites de notre canton. Nous nous familiariserons ainsi avec les noms, l'aspect et la disposition générale des principales roches (*) que nous rencontrerons dans cet espace.

Ce travail de nomenclature une fois terminé, nous reprendrons en sous-œuvre chacun de ces éléments constitutifs de notre sol (terrains, formations) pour les étudier à part, dans leurs détails intimes et dans leurs rapports avec les autres terrains.

Enfin, j'espère qu'après avoir fureté dans tous les coins de notre canton, et ne possédant en fait de bagage scientifique, que les notions qu'il nous aura été possible d'acquérir en opérant dans des limites aussi restreintes, nous pourrons cependant nous risquer dans une entreprise plus hardie, nous placer à un point de vue plus élevé, pour embrasser toute la

---

(*) En géologie, le mot roche a une signification différente de celle qu'on lui donne habituellement. Ce terme n'explique pas une idée de dureté inhérente à l'objet désigné : pour le géologue, de gros amas de sable, seront des roches aussi bien que de grands amas de granite, par exemple.

terre d'un regard, et pour tracer à grands traits son histoire. Nous tâcherons, dans cette ascension, de ne pas planer dans des régions trop élevées, autant pour éviter de nous égarer dans les espaces, que pour ne jamais perdre de vue notre petit pays, qui, comme les autres, a eu sa part de ces calmes immenses, de ces tempêtes soudaines qui ont tour à tour régné sur la terre, enfin, de cette succession d'évènements tellement grandioses, qu'on serait tenté de les considérer comme fabuleux, si toute la surface de la sphère n'avait conservé leur empreinte à travers les siècles.

# II

Pour nous conformer au programme que nous venons d'adopter nous allons, si vous voulez bien me suivre, nous transporter sur le sommet de l'une de nos plus hautes montagnes, sur un point d'où il nous soit possible de découvrir la totalité ou du moins la plus grande partie de la surface du canton de Guebwiller. Nous verrons que ce dernier est en majeure partie constitué par la vallée de Guebwiller proprement dite, à laquelle on a ajouté comme appoint, d'un côté, l'étroite vallée de Rimbach et Rimbach-zell, et de l'autre, le territoire des trois communes de Bergholtz, Bergholtz-zell et Orschwihr, situées toutes les trois en dehors de la région montagneuse et directement en regard de la plaine du Rhin.

Ce canton est enclavé entre les quatre cantons, de Soultz, Rouffach, Munster, et St. Amarin qui ont avec lui des limites communes; sa superficie est de 10,292 hectares.

La vallée de Guebwiller (*) est certainement l'une des plus belles de la chaîne des Vosges. Sa longueur est de 15 kilomètres environ. Sa direction générale est d'E. à O., mais elle est loin d'être rectiligne. Elle forme une courbe ou plutôt une portion de polygone dont la concavité est tournée du côté du Sud.

Son entrée, espèce de vestibule large, évasé en forme d'entonnoir, est bordée à droite et à gauche de montagnes qui, assez élevées d'abord, vont en s'abaissant graduellement, à mesure qu'elles s'avancent vers la plaine, de sorte que leur extrémité orientale, de chaque côté, ne constitue plus que de faibles collines; telles que celle au pied de laquelle est bâtie la ville de Soultz et le Ziegelwinkert dans la direction de Bergholtz.

Les deux côtés de cette entrée de vallée sont d'une symétrie manifeste; l'Eberlinger et le Grosberg se correspondent assez bien sous le rapport de l'aspect général et de l'altitude, et l'œil le moins exercé reconnaît dans la colline de Soultz le pendant des collines de Bergholtz. Nous verrons plus tard que cette symétrie topographique et cette identité de formes entre des montagnes séparées les unes des autres par d'assez

(*) On l'appelait autrefois Blumenthal, vallée des fleurs, Florival. Ce gracieux nom qui sied si bien à votre vallée est encore employé quelquefois pour la désigner.

grands espaces, ne sont pas un pur effet du hazard, mais que ces faits ont leur raison dans une identité de structure géologique.

La vallée proprement dite ne commence réellement qu'à la hauteur de cette espèce de cap formé par la montagne du Kitterlé. A partir de ce point, elle se dirige en ligne droite vers Bühl, conservant jusque là une largeur à peu près uniforme et bordée de chaque côté de montagnes qui ne nous offrent plus la même symétrie que nous avons signalée en décrivant les montagnes qui forment l'entrée de la vallée. Ainsi sur le côté droit de cette partie de la vallée nous voyons une montagne dont l'aspect uniforme, le sommet terminé en plateau, le versant abrupte, rappellent très-bien les formes extérieures du Grosberg dont il a déjà été question. Elle n'est en effet que la continuation du corrélatif du Grosberg, l'Eberlinger qui se prolonge ainsi sous le nom de Schinberg jusque vers St. Gangolf. La régularité des lignes est à peine interrompue, de ce côté, par quelques ravins peu profonds, l'Appenthal, le Tiefenthal, etc.

Du côté gauche les choses se passent d'une manière différente. Ici la montagne, qui fait pendant à l'Eberlinger, ne s'étend que jusqu'au Bildstecklé sous les noms de Grosberg et d'Axwald, et, à partir de ce point, le terrain change complètement d'aspect. La montagne devient tout-à-coup plus élevée et plus accidentée, les sommets en plateau y sont rares ; ceux-ci se terminent le plus souvent en pitons coniques ou en arêtes assez aiguës ; les vallées qui la pénètrent sont profondes, vigoureusement entaillées ; tels sont le Bruderhaus et l'Eselspfad, subdivisions de la première vallée latérale un peu importante que l'on rencontre dans le trajet de Guebwiller à Bühl.

A la hauteur de Bühl et du côté gauche on trouve la vallée de Murbach qui longe d'abord le Demberg, contourne ensuite presque à angle droit la pointe méridionale de cette montagne pour se porter en ligne droite sur le flanc du Ballon, dans la direction du Liserwaasen. A partir du point où elle s'infléchit autour de la pointe du Demberg, elle émet de chaque côté des ramifications plus ou moins importantes : à droite l'Eggersbach, le Lorette-Thal, le Schulerthal ; à gauche le Kohlengraben, le Storenloch, le Geissthal et le Bœlchenthal.

En face de l'entrée du vallon de Murbach, se trouve une dépression du sol, une espèce de vallée large et peu excavée, comprise entre le point de terminaison du Schinberg et le point d'origine du Dornsylle. Schweighausen est placé, au pied d'une butte, à l'entrée de ce vallon ; St. Gangolf et le Ziegel-acker en occupent le fond. St. Gangolf joue pour le côté droit de la vallée, le même rôle que le Bildstecklé, **du** côté opposé ; l'un est, à peu près, l'équivalent de l'autre ; c'est en ce point, au pied du Dornsylle, au Lerchenfeld, au Durrenbach et au Neuberg, que commence la série de montagnes accidentées, coniques, semblables à celles que nous avons rencontrées dès le Bildstecklé, quand nous longions le côté gauche de la vallée.

Ces deux vallées de Murbach et de St. Gangolf qui viennent s'aboucher dans la vallée principale à peu près à la même hauteur, diffèrent essentiellement l'une de l'autre par leur forme et leur aspect. Nos recherches ultérieures nous donneront l'explication de cette dissemblance et nous prouveront que ces accidents du sol ont été produits par des causes et à des époques tout à fait différentes, et que la vallée de Murbach a existé une quantité indéfinie de siècles avant sa voisine.

A Bühl la vallée principale change un peu de direction, elle forme en ce point un angle très-obtus et se porte ensuite à peu près en ligne droite, jusqu'à Linthal. Un peu en deçà de ce dernier village la vallée subit un rétrécissement considérable et qui ira en augmentant à mesure que l'on s'avancera vers le fond de la vallée, jusqu'à ce que, au Lauchen, les bases des montagnes se soient tellement rapprochées l'une de l'autre, qu'il ne restera plus entr'elles que l'espace occupé par le lit de la Lauch et par le chemin qui longe cette rivière.

Du reste, la vallée, qui s'était un peu infléchie à Linthal, se porte, de ce point jusqu'au Lauchen dans une direction à peu près rectiligne et se termine, un peu plus haut, au Lauchenweyer, par un vaste cirque dont les parois sont formées par les montagnes les plus élevées de la chaine des Vosges.

Dans l'espace compris entre Bühl et le Lauchen l'on voit, de chacun des côtés de la vallée se détacher des vallons latéraux plus ou moins importants et d'autant plus profonds que leur point d'origine se trouve dans une partie plus reculée dans la montagne. Les principaux sont,

pour le côté droit, le vallon du Kreutzbach, le Wuest-
runtz, le grand Soultzbach, le vallon de Linthal qui
se subdivise en Hilsen et Bœlchenthal, le Schœnruntz
au fond duquel se trouve le Remsbach et enfin le Hœll-
runtz. De l'autre côté nous trouvons successivement
et en procédant toujours d'avant en arrière : le Kehr,
le Nieder-Geffenthal et l'Ober-Geffenthal, la Wolfsgrub, le Felsenbach, le vallon du Seebach qui conduit
au lac et à la Roll, et enfin le Hirzengraben.

Les plus importants de ces vallons se terminent en
cirque comme la vallée principale et souvent à des
hauteurs très-considérables; parmi ces cirques il en
est un qui, plus déprimé à sa partie centrale que sur
les bords, sert de réservoir d'un très-beau lac que
le voyageur est tout étonné de rencontrer à une semblable hauteur (990 m.).

Tout porte à croire qu'autrefois il a dû exister dans le
canton plusieurs lacs de ce genre. Le Lauchenweyer
nous représente d'une manière manifeste le lit d'un
ancien lac aujourd'hui comblé, et dont le bord, usé peu
à peu par l'action des eaux, s'est abaissé jusqu'au point
de permettre l'écoulement de toute la masse d'eau qu'il
contenait. Il est probable qu'un semblable état de choses a dû exister au Remsbach et que le Schœnruntz
n'était autrefois que le canal de décharge d'un vaste
bassin qui a complètement usé sa digue.

Pour bien comprendre la disposition générale des
montagnes qui forment comme la charpente de notre
canton, il faut, je crois, suivre une marche inverse à
celle que nous avons suivie dans la description des

vallées, et procéder de la montagne vers la plaine.

En jetant les yeux sur une carte des Vosges, nous voyons que cette chaîne est formée par une arête médiane dirigée du Sud au Nord et de laquelle se détachent, de chaque côté, comme feraient des côtes par rapport à une colonne vertébrale, de puissants contreforts qui comprennent dans leurs intervalles toute la série des principales vallées des Vosges.

Celui de ces contre forts qui se détache de l'arête centrale au niveau du Hohneck, se dirige vers le S. E. en séparant l'une de l'autre les vallées de St. Amarin et de Munster qui, presque réunies en ce point, forment par leur ensemble une vaste ceinture demi-circulaire autour du canton de Guebwiller. Au Steinlebach ce contre fort se divise en deux branches dans l'écartement desquelles notre vallée se trouve comprise. L'une d'elles, marchant dans la même direction que le tronc qui l'a fournie et dont elle semble être la véritable continuation, va former à peu de distance de là, un puissant sommet, le Storchenkopf (1563 m.), puis un autre plus élevé encore, le Ballon, le point culminant des Vosges (1426 m.). Le Ballon devient lui-même un centre d'où rayonnent dans tous les sens de nombreux rameaux pour les cantons de St. Amarin, Thann, Cernay, Soultz et Guebwiller, cantons groupés autour du massif formé par le Ballon avec les ramifications.

La partie septentrionale de ce massif appartient seule à notre canton et ce sont ses digitations qui séparent les uns des autres les différents vallons qui se trouvent du côté gauche de la vallée principale ; leurs ensemble forme toute la paroi gauche de cette dernière.

La seconde des divisions du contre-fort que nous avons vu naître au Hohneck contourne d'abord le cirque du Lauchenweyer, puis elle se porte dans la direction de la plaine en décrivant une courbe assez régulière et telle, à peu près, qu'on pourrait la tracer avec un compas dont la pointe fixe serait posée sur le sommet du Ballon. Sa crète longue et ondulée forme la limite des cantons de Guebwiller et de Munster, et ses rameaux, disposés à peu près parallèlement et en forme de frange, séparent les uns des autres les différents vallons latéraux qui se trouvent sur ce côté de la grande vallée.

Sur cet ensemble harmonieux d'éminences et d'anfractuosités, la nature a jeté pour ainsi dire à pleines mains et comme un ample et riche manteau, les plus splendides manifestations de l'organisation et de la vie. L'homme a pris possession de ces richesses naturelles et a su se créer une source de richesses nouvelles en domptant le torrent formé par la réunion des eaux qui ont d'abord servi à féconder nos montagnes et nos vallées ; nos cours d'eau rapides, presque intarissables ont été bien certainement la cause déterminante du développement de l'industrie dans notre pays, et sont encore maintenant ses plus puissants auxiliaires. C'est donc, en fin de compte, à des circonstances purement géologiques que nous devons notre prospérité industrielle, tout comme nous devons à des circonstances analogues, nos vastes forêts, nos riches paturages, notre vignoble, digne rival de son voisin d'outre-Rhin, en un mot, les éléments si variés de notre prospérité agricole.

# III

Jusqu'à présent notre regard s'est toujours arrêté à la superficie du sol; nous nous sommes bornés à une description de formes extérieures, nous avons fait, en un mot, ce que l'on pourrait appeler de la *Géologie des peintres*.

Nous allons, dès ce moment, pénétrer plus avant dans notre sujet, creuser le sol, s'il en est besoin, pour rechercher les éléments dont ils est composé, et, chemin faisant, nous aurons soin d'assigner à chacun d'eux son nom et ses principaux caractères, afin que nous puissions les reconnaître lorsque nous les rencontrerons de nouveau, dans nos recherches ultérieures.

Encore un mot. Convenons ensemble de nous arrêter auprès de chacun des faits nouveaux qui se présenteront à notre observation, de l'interroger avec soin et de ne point passer outre avant d'en avoir obtenu tout ce qu'il pourra nous apprendre et d'en avoir tiré toutes les déductions scientifiques auxquelles il pourra donner lieu. Nous jouerions de malheur si, arrivés au terme de notre course et ayant procédé de la sorte, nous ne nous trouvions en possession d'une somme de notions géologiques assez considérable pour compenser largement nos peines.

Nous allons parcourir le canton dans tous ses sens, et presqu'à l'aventure. Peu nous importe le choix du point de départ; commençons donc au hazard et plaçons-nous à l'extrémité de l'un de ses plus grands diamètres, dans les champs qui entourent Bergholtz.

Le point où nous nous trouvons fait partie de la grande plaine qui s'étend depuis la base des Vosges jusqu'à celle des montagnes de la Forêt-Noire; cette plaine est communément désignée sous le nom de Vallée du Rhin. En creusant la terre sous nos pieds, nous rencontrons d'abord, tout à fait à la surface, *la terre végétale*, mélange variable *de calcaire, de sable* et *d'argile*, auquel se sont joints des débris organiques plus ou moins atténués et plus ou moins modifiés dans leur composition chimique; ces débris constituent la partie de la terre végétale que l'on nomme *humus*.

Au-dessous de cette couche nous en trouvons d'autres formées par du sable, de l'argile, du gravier, des cailloux roulés, et au milieu de ces matériaux, le hazard pourrait bien nous faire découvrir quelques débris de végétaux ou d'animaux, et principalement, parmi ces derniers, les parties qui résistent le mieux aux agents extérieurs, comme les os et les coquilles.

Tout cela ressemble beaucoup à ce que nous rencontrons dans les dépôts qui se forment actuellement dans le lit de nos rivières. La disposition de ces matériaux en couches distinctes et parallèles; la forme de ces cailloux dont les angles ont été évidemment émoussés et arrondis par leur collision au sein d'une masse liquide violemment agitée, tout prouve qu'à une époque plus ou moins éloignée de nous, l'eau a dû passer par là et qu'elle n'a pas toujours été contenue dans ses limites actuelles.

Les dépôts de ce genre, dont le niveau dépasse celui que peuvent atteindre les plus hautes eaux de nos rivières actuelles, sont nommés *alluvions anciennes*, par opposition aux *alluvions modernes*, dépôts analogues qui se forment incessament sous nos yeux.

Toutes les fois que nous rencontrerons des terrains ainsi disposés en couches superposées et parallèles, nous pourrons au moins présumer que ces terrains ont été formés par des matériaux suspendus dans l'eau. Cette présomption deviendra pour nous une certitude lorsque, parmi ces matériaux, il s'en trouvera qui, comme les cailloux roulés, auront conservé des traces manifestes de leur origine.

Les débris organiques se rencontrent non-seulement dans les terrains meubles analogues à ceux dans lesquels nous venons d'opérer notre première fouille, mais encore dans les terrains compactes, dans les roches proprement dites. Ces débris, ces *fossiles,* comme on les appelle , véritables archives des anciens âges du monde, deviendront pour nous la source de renseignements du plus haut intérêt quand il s'agira de déterminer l'âge relatif et le mode de formation des différents terrains.

Nous pouvons dès à présent énoncer quelques généralités qui dérivent directement de l'interprétation logique de ces faits.

La présence des fossiles dans un terrain atteste d'abord l'origine aqueuse de ce dernier et nous force à rejeter l'idée de tout concours du feu dans sa formation. Dans les terrains qui ont été produits par la solidification de matières primitivement en fusion, (et nous verrons bientôt qu'il existe des terrains de ce genre,) il est évident que de semblables débris n'auraient pu être conservés. L'absence des restes organiques sera donc l'un des caractères des terrains ignés.

Si les débris trouvés ont appartenu à des végétaux ou à des animaux terrestres, nous pourrons en conclure que ces animaux ou ces végétaux ont pu vivre et ont vécu sur le sol auquel ont été empruntés les matériaux qui constituent le terrain dans lequel on les rencontre.

Si ces débris appartiennent à des êtres organisés aquatiques, selon que ceux-ci seront *marins* ou bien *d'eau douce,* nous conclurons que les dépôts dans lesquels ils sont enfoncés ont été formés par la mer ou par l'eau douce (des lacs et des rivières).

Il est inutile d'insister sur l'application de ces données aux alluvions anciennes et modernes : poursuivons notre chemin.

Nous n'aurons pas besoin d'aller bien loin pour trouver un nouveau sujet d'observation. Arrêtons-nous au Bollenberg, à ce monticule allongé qui s'étend depuis les environs de Bergholtz jusqu'à Rouffach. Ici nous trouverons encore une couche superficielle de terre végétale plus ou moins analogue à celle de la plaine, mais, au-dessous de cette couche, en creusant plus profondément, nous rencontrerons, non plus comme précédemment, des parties meubles telles que le sable, les cailloux du terrain d'alluvion, mais une roche compacte, grenue, de couleur variable, jaune, rougeâtre ou grise ; se laissant facilement rayer par la pointe d'un couteau et ne faisant par conséquent pas feu sous le briquet ; se réduisant en chaux par la calcination et produisant une vive effervescence lorsqu'elle se trouve au contact d'un acide, (l'acide sulfurique ou vitriol, par exemple).

A la base du Bollenberg, sur la droite du chemin qui conduit de Bergholtz à Orschwir, il existe une petite carrière où nous pouvons voir cette roche à nu. A la première inspection vous reconnaitrez que cette roche est disposée en couches parallèles ou *strates*, et ce qu'il y a de plus remarquable dans la disposition de ces strates, c'est qu'elles ne sont pas horizontales, mais qu'elles forment, au contraire, un angle très-marqué avec le plan de l'horizon.

Il est bien certain que ce terrain à été formé par le dépôt de matériaux suspendus dans une masse d'eau; sa disposition en strates et les nombreux débris d'êtres organisés (*) que l'on y rencontre, ne laissent aucun doute à cet égard.

Mais, chose remarquable, ces fossiles sont tous des restes d'animaux marins; c'est donc au fond de la mer que se sont formés ces dépôts de calcaire, il fut donc un temps où les eaux de la mer couvraient le point du globe qui est en ce moment le théâtre de nos recherches! Voyez où nous conduit le raisonnement s'exerçant sur quelques faits d'observation en apparence si simples et s'appuyant sur les règles tout aussi simples que nous avons posées précédemment. Une personne complètement étrangère à la science prendrait certainement cette idée du séjour de la mer dans notre pays, pour une élucubration d'une imagination un peu trop ardente ou au moins pour une hypothèse hazardée; mais en face des preuves visibles et palpables, quiconque voudra réfléchir sera forcé d'admettre ce fait comme rigoureusement démontré.

Il est une circonstance que nous venons de mentionner et qui, de prime abord, a dû vous frapper. Ce terrain, dont nous venons d'admettre l'origine aqueuse, nous montre, au point où nous venons de l'observer et où sa tranche est à découvert, des strates fortement inclinées.

Or, il est de règle que les dépôts qui se forment au fond de l'eau se disposent en couches horizontales. A

---

(*) Ce sont surtout des coquilles.

moins de renier ce que nous venons d'admettre relativement à l'origine de ces couches, nous serons bien forcés d'aller plus loin et d'admettre encore que ces couches, primitivement horizontales, ont subi un déplacement à une époque plus ou moins éloignée de celle de leur formation.

Ce déplacement a pu s'opérer de deux manières différentes : ou bien c'est une force agissant de bas en haut qui a relevé le côté qui forme maintenant la partie la plus élevée du plan incliné (fig. 1 *a.*) ;

Ou bien, un affaissement s'opérant en vertu des seules lois de la pesanteur a pu faire descendre la partie la plus déclive de ce plan au-dessous du niveau qu'elle occupait dans le principe (fig. 2 *b.* ).

Dans l'un et l'autre cas le résultat a dû être le même. Nous pouvons dire en passant que dans le cas spécial qui nous occupe, la disposition actuelle des couches semble plutôt dûe à un effondrement du sol du côté de la plaine qu'à une cause active ayant agi de bas en haut sur l'extrémité du plan située du côté de la montagne, mais nous devons ajouter que l'on rencontre fréquemment des déplacements du même genre, produits par la première de ces deux causes.

Dans les recherches géologiques il est souvent très-important de tenir compte da la *position* d'une couche. Deux éléments servent à établir cette position, ce sont : la *direction* de la couche et sont *inclinaison,*

La *direction* d'une couche s'exprime par le nom du point de la rose des vents vers lequel se dirige une ligne horizontale menée dans le plan de la couche ;

*L'inclinaison* est l'angle produit par la rencontre du plan de la couche avec le plan de l'horizon. Sa mesure s'exprime en degrés comme celle de tous les angles.

Avant d'aller plus loin nous examinerons encore la manière dont se comportent l'un par rapport à l'autre, les deux terrains que nous avons reconnus jusqu'à présent, c'est-à-dire, le terrain d'alluvion et ce terrain calcaire en couches inclinées auquel nous donnerons dorénavent le nom du *terrain jurassique*.

Si nous pratiquions une fouille assez profonde à travers le terrain d'alluvion, dans le voisinage du sommet de l'angle obtus formé par la rencontre de ce terrain avec le plan des couches jurassiques, nous rencontrerions à coup sûr ces dernières à une profondeur plus ou moins considérable, et nous constaterions qu'elles se prolongent au dessous de la couche horizontale superficielle formée par le terrain d'alluvion; celui-ci s'appuie par sa tranche sur la surface oblique du terrain jurassique.

Les choses étant disposées de la sorte, un fait saute tout d'abord au yeux, c'est que le terrain jurassique est plus ancien que les couches alluviales; le seul ordre de superposition de ces terrains en est une preuve irrécusable. Mais ce n'est pas tout; l'inspection attentive des rapports de contact de ces deux terrains nous permet d'affirmer en outre que le plus ancien des deux avait déjà été disloqué et relevé comme nous le voyons aujourd'hui, à l'époque où les alluvions sont venues recouvrir sa partie la plus déclive. En effet si le

changement de position des couches calcaires était sur-
venu postérieurement au dépôt des alluvions, ces dernières auraient été soulevées avec les couches de
calcaire et nous devrions les retrouver au sommet
de la montagne et disposées en *stratification con-
cordante* avec les couches sous-jacentes, comme les
représente la figure 3. Mais il n'en est rien, et, dans
le cas dont il est question, les couches sont disposées l'une par rapport à l'autre comme on le voit dans
la figure 4.

Cette disposition à laquelle on a donné le nom de
*discordance de stratification* peut donc nous servir
comme moyen de déterminer l'âge relatif des différentes
formations. Il ne faudrait cependant pas croire que,
toutes les fois qu'on rencontre un cas de stratification
discordante, les couches horizontales arrivent toujours, pour le rang d'âge, immédiatement, après le terrain oblique sur lequel elles s'appuient. Postérieurement
à l'évènement qui à détruit l'horizontalité de ses
couches, le plus ancien de ces terrains a pu rester
exposé à ciel ouvert pendant une période plus ou moins
longue durant laquelle il a pu se former, sur d'autres
points du globe, des dépôts plus récents que ce terrain,
mais plus âgés que le terrain qui se trouve aujourd'hui
en contact immédiat avec lui.

Ce que nous venons d'admettre comme possible
existe en effet et s'applique parfaitement aux terrains
mêmes qui nous ont suggéré ces réflexions. Entre la
période jurassique et la période alluviale il s'est formé
entre Mulhouse et Altkirch, et même tout près de nous au

Ziegler - Weingarten, des terrains nommés *tertiaires* (*)
qui, en beaucoup de points, se montrent en stratification discordante avec le terrain jurassique, tandis que
le terrain d'alluvion est disposé en stratification discordante par rapport au terrain tertiaire lui-même. Au
point de vue de l'âge, ce dernier prend donc rang entre
nos deux terrains qui cependant sont immédiatement
contigues, dans le lieu où nous venons de les observer.

Enfin, en poursuivant le même raisonnement, nous
admettrons que le terrain jurassique est plus récent que
les formations que nous pourrons rencontrer plus tard,
si, en quelque lieu que ce soit, on trouve le terrain
jurrassique superposé à ces derniers et disposé par
rapport à eux en stratification discordante.

Nous nous sommes arrêtés un peu long-temps à nos
deux premières stations. C'est que, dès nos premiers
pas, nous avons trouvé l'occasion de pénétrer au cœur
de la science et de prendre connaissance de quelques-
unes des principales lois sur lesquelles elle s'appuie.

En quittant ces collines pour nous porter dans la
direction de l'Eberlinger, nous ne tarderons pas à voir
que la terre des vignes que nous traversons change
complétement d'aspect; sur les collines elle était en
majeure partie calcaire et d'une couleur brun-foncé.
Plus près de la montagne elle est constituée par du sable

(*) C'est M. J. Kœchlin-Schlumberger qui nous a signalé l'existence du terrain
tertiaire dans notre canton. Voir les notes qui font suite aux passages de cet aperçu
que nous avons soumis à l'appréciation de la société industrielle. (Bulletin de la
société industrielle de Mulhouse, n. 127.) Ce n'est pas le seul service de ce genre
dont nous soyons redevable à cet éminent géologue.

rose mêlé d'une grande quantité de cailloux roulés, blancs pour la plupart, à cassure d'un aspect gras et luisant. Aux dimensions près, et sauf le léger enduit rose dont chacun de ses grains est entouré, le sable a les mêmes propriétés physiques et chimiques que les cailloux ; c'est du *quartz* à un plus ou moins grand degré de division. Le quartz est constitué par une substance minérale nommée *silice* (*), dont les propriétés sont essentiellement différentes de celles du calcaire ; elle fait feu sous le briquet, ne se laisse rayer ni par le verre ni par l'acier, et ne produit aucune effervescence au contact des acides.

Les particules dont cette terre est composée proviennent évidemment de la désagrégation de la roche que nous trouvons un peu plus haut, en nous approchant du plateau de l'Eberlinger. Cette roche est formée par le même sable rose et les mêmes cailloux roulés, assez solidement agglutinés entr'eux ; c'est le *grès vosgien*, la pierre à bâtir dont on se sert pour la plupart des constructions de Guebwiller et des environs.

Il est peu de roches dont la structure seule indique mieux l'origine. Cette masse de sable et de cailloux a été déposée là par les eaux comme celà se passe de nos jours sur les bords et au fond de la mer (**), et les

(*) La silice constitue encore plusieurs autres roches bien différentes entr'elles par leur aspect, leur valeur et les usages auxquel on les emploie. Ainsi la pierre à fusil ordinaire ou silex pyromaque, que l'on trouve en rognons dans les terrains calcaires, la pierre meulière des environs de Paris, l'agate si recherchée pour la fabrication d'ornements sculptés, enfin les cristaux transparents et réguliers que tout le monde connait sous le nom de cristal de roche, ne sont que des formes variées de la même substance.

(**) C'est ainsi que se produisent ces atterrissements que l'on remarque dans le

différentes parties de dépôt, d'abord meuble, ont fini par adhérer entr'elles et par constituer une masse solide comme il en arrivera peut-être pour les dépôts meubles qui sont actuellement en voie de formation.

Ces idées sur l'origine de cette roche sont confirmées encore par sa disposition en grandes strates qui ont à peine été dérangées du plan horizontal suivant lequel elles s'étaient primitivement coordonnées, circonstance à laquelle les montagnes ainsi formées doivent l'aspect uniforme que nous avons déjà signalé.

Les géologues nient généralement l'existence des fossiles dans ces terrains; ceci est trop absolu; les fossiles y sont très-rares, il est vrai, mais ils n'y font pas complétement défaut; je possède quelques débris de végétaux silicifiés qui ont été trouvés dans le grès vosgien.

L'on trouve quelquefois des débris organiques dans les cailloux roulés du grès vosgien; nous verrons plus tard quelles ingénieuses déductions la science moderne a su tirer de ce fait si simple en apparence.

En poursuivant notre route par dessus l'Eberlinger nous arrivons, par une pente douce, à un petit plateau couvert d'une plantation de pins, et qui domine le hameau de St.-Gangolf. Faisons connaissance, en pas-

voisinage de l'embouchure des grands fleuves et que l'on désigne ordinairement sous le nom de Deltas, à cause de leur forme triangulaire. Cet empiétement partiel des continents sur le domaine de la mer est tellement marqué que plusieurs villes qui étaient autrefois des ports de mer, se trouvent maintenant situées dans l'intérieur des terres et quelquefois à plusieurs lieues des côtes.

> . . . . . . littus dubium quod terra fretumque
> Vindicat alternis vicibus. . .
>
> Lucain.

sant, avec la nouvelle roche sur laquelle nous venons de poser le pied.

C'est encore un grès, mais il diffère du précédent par des caractères bien tranchés; le sable qui entre dans sa composition est plus fin que celui du grès vosgien, et entremêlé de paillettes argentées que l'on nomme *mica* et que nous retrouverons en grande abondance dans les roches d'origine ignée.

Ce nouveau grès a reçu le nom de *grès bigarré* à cause de la diversité des couleurs qu'il affecte.

Enfin, puisque nous parlons de grès et que le titre de guide que j'ai usurpé fait supposer, bien à tort peut-être, que je connais le pays un peu mieux que les personnes qui ont toléré cet acte d'autorité, j'aurais dû, en passant sur le plateau de l'Eberlinger, vous signaler de loin une troisième variété de grès qui se trouve sur la rive opposée de la vallée, dans les environs du Hægelé et de l'Altroth, et qui affleure surtout dans le chemin creux qui conduit à Thierenbach; c'est *le grès rouge*. Comme il nous faudrait retourner sur nos pas pour le voir de plus près et que, du reste, nous le retrouverons plus tard, nous pourrons sans scrupule le laisser de côté et continuer notre chemin à partir du point où nous nous étions arrêtés.

A quelques pas de là, à Schweighausen, nouveau changement; nous abandonnons les grès pour marcher sur une roche d'un aspect tout différent, noirâtre ou gris-bleuâtre, compacte en certains endroits, schisteuse et comme feuilletée dans d'autres. Les cailloux roulés de la Lauch, le pavé de nos rues nous offrent le type le plus général de ce nouveau terrain. Nous retrouvons encore ici la réunion des principaux caractères des formations sédimentaires ; ce terrain fait partie d'un groupe très-puissant à l'ensemble duquel on a donné le nom de *terrain de transition*. Ce nom ne vaut absolument rien, comme nous le prouverons plus tard ; cependant nous continuerons à nous en servir parcequ'il est consacré par l'usage et que nous aurons soin de nous entendre sur sa véritable valeur.

Contentons-nous, pour le moment, d'avoir constaté l'existence de cette roche sur notre passage ; (c'est, si je ne me trompe, la sixième espèce de roche sédimentaire que nous avons rencontrée depuis notre départ et encore en avons-nous omis à dessein), allons plus loin, jusqu'à Lautenbach, et ramassons un fragment du rocher au pied duquel ce village est bâti.

En examinant ce fragment avec quelque soin, nous verrons qu'il est composé de trois parties assez distinctes : du quartz, du *feldspath* et du mica. Deux de ces noms ne nous sont pas complétement inconnus ; nous avons parlé du quartz à l'occasion du grès vosgien et du grès bigarré et nous avons trouvé des paillettes de mica au milieu des particules sableuses de ce dernier.

Le *Granite* (c'est le nom de cette roche,) doit principalement sa grande dureté au quartz qu'il contient. Par sa couleur, son éclat et sa forme cristalline, ce dernier rappelle assez la cassure des cailloux roulés du grès vosgien. Le feldspath forme, dans le granit, cette partie blanche aussi, mais plus terne, dont les cristaux s'enchâssent plus ou moins exactement dans les intervalles des cristaux de quartz; enfin le mica forme ces paillettes brillantes et de couleur variable qui saupoudrent la cassure de la pierre.

Disons en passant que le granite n'est pas partout semblable à celui que nous venons de décrire. Souvent il a une teinte rose qui est due à une coloration particulière de son feldspath; la couleur des paillettes de mica peut varier du blanc au vert et au noir, etc. C'est, en général, de la composition chimique et de la forme cristalline que nous tirons les caractères fondamentaux pour la définition des espèces minéralogiques; les caractères fournis par la coloration ne sont, le plus souvent, que secondaires.

Cette roche ne nous présente plus aucun des traits caractéristiques dont nous nous servions pour reconnaître des terrains de sédiment; ici plus de trace de stratification, plus de débris d'êtres organisés. La manière d'être de ces terrains à leur origine, était incompatible avec la vie; la masse qui les constitue était primitivement à l'état de fusion; en se refroidissant, elle s'est peu à peu solidifiée et ses éléments, obéissant aux lois des affinités chimiques, ont formé des cristaux groupés ordinairement d'une manière assez uniforme.

Voilà donc un de ces terrains, engendrés par le feu, dont nous avions déjà fait pressentir l'existence et auxquels on a donné le nom de *terrains ignés, plutoniques, terrains cristallisés,* par opposition aux noms de terrains *neptuniens,* de *sédiment,* de *remblai,* par lesquels on a coutume de désigner ceux que nous avons rencontrés précédemment.

Le granite, ainsi que quelques autres roches de même origine et de structure à peu près semblable, est encore souvent désigné sous le nom de *terrain primitif*.

Cette dénomination n'est pas d'une exactitude très-rigoureuse. Elle implique l'idée d'antériorité, dans l'ordre de formation, à tout autre terrain, et surtout à tout ce qui est terrain de sédiment; or, c'est ce qui ne peut être admis comme fait général.

C'est bien une roche de ce genre qui a formé la première partie solide de notre globe; la couche la plus extérieure de la matière en fusion qui constituait le globe à une certaine époque de son évolution, s'est prise, par l'effet du refroidissement, en une pellicule solide ayant la forme d'une sphère creuse et servant d'enveloppe à toute cette masse incandescente. Cette masse a depuis lors continué à se solidifier en formant une série de couches concentriques, centripètes, tandis que les forces aqueuses formaient, de leur coté, des couches synchroniques aux précédentes, mais qui procédaient du centre à la circonférence et dont la dernière venue s'étalait toujours à ciel ouvert.

La plus superficielle de toutes les couches d'origine ignée, celle qui sert de support à tous les terrains sédiment, est donc bien le terrain primitif par excellence, et les terrains formés après elle seront d'autant plus récents qu'ils s'éloigneront davantage de cette couche primordiale, quel que soit, du reste, le sens dans lequel ces terrains successifs se surajoutent, soit qu'ils se superposent en procédant de sa surface externe vers l'espace, soit qu'ils forment une série de sphères emboîtées et concentriques en procédant de sa surface interne vers le centre de la terre.

Ce terrain primitif se montre à nu dans beaucoup de régions du globe qui n'ont jamais été long-temps recouvertes par les eaux et où, par conséquent, la série ascensionnelle des terrains sédimentaires manque complètement.

Dans d'autres localités qui ont jadis été le théâtre de bouleversements considérables, ce terrain a pu arriver au jour, quoique recouvert d'abord par les terrains neptuniens; dans ce cas il y a eu des brisures et des dislocations qui ont amené les plans des fractures dans une position qui se rapproche plus ou moins du plan horizontal.

Je ne pense pas que le terrain cristallisé que nous avons sous les yeux doive être rangé parmi ces véritables terrains primitifs.

Il existe une grande classe de roches dont la structure a la plus grande analogie avec celle des roches primitives, et cela devait être, puisque les matériaux qui les composent ont été puisés à la même source; mais là se borne l'analogie, et les roches dont nous parlons n'ont, du reste, rien de commun avec le terrain primitif. Elles sont arrivées à la surface du sol à des époques différentes et par un mécanisme différent; elles ont été poussées au dehors par une force interne agissant de bas en haut, à travers toute l'épaisseur de l'écorce terrestre, de manière à former des enclaves transversales au milieu des couches plus ou moins horizontales de cette dernière. Ce sont de véritables éruptions volcaniques qui ne diffèrent des volcans actuellement en activité, que par leur âge et par la nature de leurs produits.

Le retrait des parties qui, par le fait du refroidissement continu, se solidifiaient au-dessous des premières couches de terrains cristallisés, a occasionné des affaissements, des dislocations à peu près semblables à ce que nous voyons se produire en hiver, dans la glace qui couvre nos ruisseaux, lorsque, le niveau de l'eau venant à baisser, il se forme un vide entre l'eau et la surface inférieure de la couche de glace. Ces faits s'expliquent par la seule intervention des lois de la pesanteur. Mais à cette cause de déformation de la surface externe de la croûte terrestre, il faut en joindre une autre, tout aussi active, la force expansive des gaz dégagés dans les réactions chimiques qui s'opèrent entre les différentes parties de l'écorce terrestre et au sein de la masse centrale.

C'est à l'action isolée ou simultanée de ces forces que sont dues ces commotions brusques du sol connues sous le nom de *tremblements de terre*, l'un de phénomènes géologiques les plus connus des populations, par la raison que c'est l'un de ceux dont elles redoutent le plus les effets.

C'est aux mêmes causes qu'il faut attribuer ces mouvements, moins intenses mais plus durables, en vertu desquels de grandes étendues de terrain s'élèvent graduellement au-dessus du niveau des mers. Ces faits se remarquent surtout sur les côtes du Chili et de la Suède, et des observations régulières établies sur ce dernier point ont permis de constater que la côte du golfe de Bothnie s'élève de 4 pieds par siècle. Nous verrons plus tard que des faits semblables ont dû se produire dans notre pays.

Enfin, nous pouvons encore rattacher à ce même ordre de faits les phénomènes volcaniques tant anciens que modernes, phénomènes dont les causes sont actuellement encore très-actives, témoin les volcans en ignition et les îles nouvelles d'origine éruptive, à l'apparition desquelles nos contemporains ont pu assister. Ces phénomènes se produisent toutes les fois que cette force interne dont nous parlons, rencontre une partie faible, une fissure, un *défaut* de l'écorce terrestre; elle chasse alors, par cette voie, comme par une soupape de sûreté, le trop plein de la sphère creuse dont elle comprime le contenu, et jette au dehors des masses incandescentes qui brisent et soulèvent tout ce qui se trouve sur leur passage.

Ceci nous ramène à nos montagnes. C'est une cause de ce genre qui a fait surgir du sein de la terre la montagne granitique sur laquelle nous nous étions, je crois, arrêtés. Mais il ne faudrait pas croire que ce fait se soit produit d'une manière isolée; l'écorce terrestre était alors moins résistante qu'aujourd'hui, et les phénomènes de ce genre se manifestaient sur une échelle bien plus large. L'éruption de la masse granitique dont nous parlons n'est qu'une particularité tout-à-fait accessoire d'un évènement bien autrement important; il se rattache au soulèvement de toute la chaîne des Vosges, soulèvement qui a donné au sol primitivement plat de l'Alsace et de la Lorraine, la forme et l'aspect sous lesquels ces pays se présentent maintenant à nos regards.

Nous n'abondonnerons par ce sujet sans énoncer les lois générales qui semblent avoir présidé à la formation des chaines de montagnes, lois découvertes et formulées par M. Elie de Beaumont.

Le soulèvement de ces chaines s'est généralement opéré suivant une direction rectiligne et dans le sens de l'un des grands cercles du sphéroïde terrestre.

Les soulèvements ont été produits par des causes générales dont l'action a retenti sur des points du globe très-distants les uns des autres, et il s'est ainsi formé simultanément des soulèvements synchroniques qui sont tous parallèles entre eux, quel que soit le point du globe où on les rencontre. L'ensemble de plusieurs chaines parallèles forme un *système de soulèvement*.

L'âge relatif des montagnes formées par des enclaves transversales se détermine, comme celui des formations sédimentaires, d'après les règles de la concordance et de la discordance de stratification; ainsi, le soulèvement A (fig. 5), aura eu lieu postérieurement au dépôt de la couche sédimentaire B qu'il a entrainée dans son mouvement ascensionnel, tandis qu'il aura précédé le dépôt du terrain C qui s'est étalé en couches horizontales à sa base ou par-dessus les couches B.

Ces données suffiront pour l'intelligence de ce que nous aurons à exposer dans le cours de ce travail.

Les causes dont nous venons de parler ont, le plus souvent, occasionné des perturbations sur de vastes étendues de la croûte terrestre, mais celle-ci a encore été modifiée par des phénomènes analogues dont l'influence, plus limitée, nous rappelle mieux l'action volcanique telle qu'elle se manifeste actuellement à la surface du globe.

Les faits de ce genre se sont produits à-peu-près à toutes les périodes de l'existence du globe, à partir du moment où celui-ci a été recouvert de sa première enveloppe solide ; mais la nature des déjections a varié suivant les époques auxquelles les éruptions ont eu lieu, c'est-à-dire, en fin de compte, suivant la profondeur à laquelle ces matières ont été puisées.

Les roches qui, consécutivement à l'éruption des roches granitoïdes, sont successivement venues se faire jour à travers les couches cristalisées et sédimentaires déjà formées, sont, dans leur ordre chronologique, les *roches porphyriques*, les *basaltes*, les *trachytes* et les *laves*. Enfin nous pouvons ranger dans la même catégorie les *filons*, qui ne sont autre chose que des fissures injectées de matières minérales diverses. Au point de vue des dimensions, les filons semblent n'offrir qu'une importance secondaire, mais, comme dépositaires des principales richesses minérales du globe, ils sont dignes de la plus haute attention, à tel point que leur étude constitue l'une des principales branches de la géologie pratique.

Nous rencontrerons dans notre canton quelques-unes des roches éruptives que nous venons d'énumérer, je veux parler des porphyres et des filons métallifères. Ainsi, revenons sur nos pas et transportons-nous au Hœltzlé, sur la route de Guebwiller à Buhl, (l'endroit

n'est pas mal choisi pour terminer une longue course).
Le monticule au pied duquel cette habitation est bâtie
est constitué par une roche d'aspect cristallin et de couleur brune, qui n'est autre chose que du porphyre
brun ; le mur de clôture du jardin, du côté du Hœltz-
lé-weg est en partie construit avec des blocs de ce porphyre qui a été extrait de la cave creusée dans le roc
voisin. A une époque où notre vallée avait déjà, à peu
de chose près, sa configuration actuelle, la substance
de cette roche s'est fait jour à travers une éraillure de
l'écorce terrestre, sous la forme d'une pâte demi-liquide,
incandescente, qui s'est étalée et accumulée au-dessus
de l'orifice qui lui a livré passage, en soulevant les
terrains de sédiment qui occupaient antérieurement
cette place.

Il est probable que c'est à cette éruption que le
Kreyenbach, le Kirchenwuest et le Luspelkœpflé doivent leur origine. Ces monticules ont surgi du sol à
la façon de taupinières, quand déjà toutes les hautes
montagnes d'alentour avaient depuis long-temps leur
relief actuel.

Ce porphyre est évidemment d'une date relativement assez récente. Il est arrivé à la surface du sol
à une époque où le grès rouge était déjà formé, et
l'on retrouve au sommet du Luspelkœpflé des fragments de grès vosgien qui ont dû être déposés en ce
lieu à une époque postérieure au soulèvement de ce
monticule ; ces circonstances marquent assez bien les limites de la période pendant laquelle ce soulèvement
a dû se produire.

Notre principal but, dans cette course un peu va-
gabonde, je l'avoue, puisque nous voici revenus, presque
d'un saut, du fond de la vallée sur des monticules
qui sont presque aux portes de Guebwiller, notre
principal but, dis-je, a été d'établir l'hétérogénéité
du sol de notre canton et de ramasser, en passant,
un échantillon de chacune des roches qui concourent
à sa formation pour une part un peu considérable. Il
se présente ici une occasion trop belle de faire connaissance avec un nouveau phénomène géologique,
pour que nous la laissions échapper, quelle que soit
notre hâte de mettre un terme à cette excursion déjà
passablement longue.

Les porphyres que nous venons de rencontrer sont
en majeure partie formés d'une pâte feldspathique
dans laquelle sont désséminés des cristaux de feldspath et de quartz. Il serait assez étonnant qu'une
masse minérale composée d'éléments aussi réfractaires
que le quartz et le feldspath eût pu, à une certaine
époque, être douée d'une température suffisante pour
maintenir ces éléments à l'état de fusion, et venir, dans
cet état, s'intercaler au milieu d'autres masses minérales déjà existantes, sans que ces dernières eussent conservé quelques traces de la chaleur excessive qui,
pendant quelque temps, a régné dans leur voisinage.

C'est en effet ce qui a eu lieu, et l'action du feu
a profondément modifié tout ce qui s'est trouvé sur
le passage de ces éruptions porphyriques.

Dans le lieu nommé Saulæger, sur le versant méridional du Luspelkœpfle, on rencontre une roche d'un

aspect tout particulier; elle est rouge, partagée en lames parallèles plus ou moins minces, souvent ondulées,
et se divise facilement en fragments plus petits par des
cassures dont les plans sont régulièrement perpendi-
culaires au plan de division des lames. Ces pierres
nommées Felselen par les gens du pays, sont souvent
employées, à cause de leurs formes pittoresques, pour
faire des bordures de plates-bandes et des rochers
artificiels, dans les cours et les jardins de Guebwiller.
Eh bien! ces pierres ne sont autre chose que du grès
rouge, (nous avons déjà signalé l'existence de cette
roche dans cette partie du canton,) grès rouge qui a
été fondu, vitrifié et complétement transformé par
l'action de la température du porphyre qui a surgi
dans son voisinage ou au-dessous de lui.

Sur le versant opposé du Luspelkœpflé, dans la
direction du Nonnenthal et du Kreyenbach, il existe
une autre roche non moins remarquable; elle est
tendre, friable, et présente des couleurs assez variées
dans lesquelles le rouge et le vert semblent dominer;
c'est surtout dans les excavations d'où on la retire,
au Seichling et au Kirchenwuest, qu'il est le plus facile
de l'observer. Ceci est du schiste argileux qui, par
l'action du même porphyre, a subi une transformation
analogue à celle du grès rouge.

Cette action modificatrice des roches a reçu le nom
de *métamorphisme,* et les roches ainsi modifiées sont
des roches *métamorphiques.*

Nous rencontrerons probablement encore d'autres
exemples de transformations de ce genre, mais il est

à présumer que nous n'en trouverons aucun où ces effets se soient produits sur une échelle aussi étendue et d'une manière plus manifeste ; sous ces deux rapports, l'exemple de métamorphisme que nous avons sous les yeux peut certainement être considéré comme l'un des plus remarquables qu'il soit possible de voir.

Résumons rapidement ce que nous avons appris jusqu'à présent :

Nous avons distingué les unes des autres les roches ignées, les roches de sédiment et les roches métamorphiques ;

Nous avons constaté que dans la circonscription de notre canton, il existe plusieurs genres de chacun de ces grands ordres de roches ;

Nous savons, en outre, de quelle manière l'on arrive à assigner à chaque terrain et à chaque soulèvement la place qui lui convient dans la série géologique ;

Enfin nous avons fait connaissance avec la plupart des roches qui jouent un rôle un peu important dans la composition de la croûte terrestre, sur le point où nous voulons l'étudier.

Ces notions étaient indispensables pour l'intelligence de ce qui va suivre.

# IV

Le terrain primitif constitue la partie vraiment solide du sphéroïde terrestre ; c'est le plancher de la terre, si je puis ainsi dire. Les terrains de sédiment forment des lambeaux de peu de cohésion, épars çà-et-là à sa surface, et leur ensemble figure assez bien un réseau dont les mailles inégales laissent apercevoir le sol primitif qui le double intérieurement.

Au premier aspect, le plus grand désordre semble régner dans les diverses parties de ce terrain, mais ce désordre n'est qu'apparent, et la loi de discordence de stratification a permis de classer ces dernières d'une manière méthodique.

Le tableau n° 1, nous montre tous les terrains ou groupes de terrains qui concourent à la composition de l'écorce terrestre, disposés dans leur ordre naturel de superposition qui est aussi leur ordre chronologique (*).

## TABLEAU I.

### ORDRE DE SUPERPOSITION DES PRINCIPAUX DÉPOTS SÉDIMENTAIRES.

Alluvions modernes.
Terrain diluvien ou alluvions anciennes.
Terrain subapennin, ou tertiaire supérieur.

| | |
|---|---|
| Terrain de molasse, ou tertiaire moyen .......... | *Faluns.* <br> *Meulières.* <br> *Grès de Fontainebleau.* |
| Terrain parisien, ou tertiaire inférieur ............. | *Pierre à plâtre ; calcaire grossier.* <br> *Argile plastique.* |
| Terrain nummulitique ; terrain crétacé supérieur ... | *Craie blanche.* <br> *Craie marneuse.* |
| Terrain crétacé inférieur... | *Craie tufau.* <br> *Grès vert.* <br> *Terrain néocomien ; dépôt waldien.* |
| Terrain jurassique........ | *Oolithe supérieure, ou groupe portlandien.* <br> *Oolithe moyenne, ou groupe corallien ou oxfordien.* <br> *Oolithe inférieure ou grande oolithe.* <br> *Lias.* |
| Terrain de trias .......... | *Marnes irisées.* <br> *Muschelkalk.* <br> *Grès bigarré.* |
| Terrain pénéen........... | *Grès vosgien.* <br> *Calcaire pénéen.* <br> *Nouveau grès rouge.* |
| Terrain houiller. | *Grès houiller.* <br> *Calcaire carbonifère.* |
| Terrain devonien ......... | *Vieux grès rouge.* <br> *Grès ; schistes anthraciteux.* |
| Terrain silurien .......... | *Calcaires et schistes.* |
| Terrain cambrien......... | *Schistes ; calcaires ; gneiss.* |

(*) Ce tableau se trouve dans la plupart des cours élémentaires de Géologie.

Nous voyons figurer, dans ce tableau, des noms tout-à-fait nouveaux pour nous, et des terrains que nous n'avons pas rencontrés dans la reconnaissance que nous avons faite au chapitre précédent.

C'est que toutes les formations ne sont pas représentées sur la petite étendue de pays que nous étudions. On se ferait une bien fausse idée de la manière dont les choses sont réellement disposées dans la nature, si l'on se figurait que ces couches se montrent habituellement réunies et empilées les unes au-dessus des autres, comme nous les voyons dans le tableau. Il n'existe probablement pas un seul point du globe dont la coupe puisse nous montrer la réunion complète de ces couches. L'ordre de superposition représente ici l'ordre d'âge des formations et rien de plus; quant aux rapports de contact, ils peuvent varier à l'infini.

Pour rendre l'exposition de ces faits plus facile, nous pourrions convenir de considérer le tableau comme un meuble garni d'un nombre de tiroirs égal au nombre des terrains qui s'y trouvent représentés; (l'on voit que le désir d'être clair nous fait braver la trivialité des détails et des comparaisons). Ceci admis, il nous deviendra facile de produire toutes les combinaisons de terrains qu'il est possible de rencontrer à la surface de la terre, en retirant de leurs cases un ou plusieurs de ces terrains ou en les y replaçant, à volonté, à la seule condition de ne jamais intervertir l'ordre naturel de superposition et de ne jamais toucher à la case du terrain primitif qui en certains points formera, à lui seul, toute l'épaisseur de l'écorce terrestre.

Toutes les fois que, dans une semblable combinaison, nous rencontrerons une lacune, un point où un terrain quelconque ne sera pas recouvert par le terrain qui lui est immédiatement supérieur dans la série générale, nous pourrons affirmer que le premier de ces terrains, celui qui figure dans la combinaison, était émergé et formait une ile ou une portion de continent, à l'époque où la couche absente se déposait sur un autre point de globe qui était alors couvert par les eaux.

Appliquons ceci au cas particulier qui nous occupe et retirons de leurs cases respectives, la formation carbonifère, les terrains de la période crétacée et la plus grande partie des terrains tertiaires.

En tassant, pour ainsi dire, ce qui reste, à la suite de cette soustraction, dans la partie gauche du tableau n° 2, nous obtenons l'ensemble des terrains qui entrent dans la composition de notre canton, rangés dans leur ordre de succession en hauteur.

TABLEAU II.

| | |
|---|---|
| ALLUVIONS MODERNES. | |
| ALLUVIONS ANCIENNES. | |
| TERRAIN TERTIAIRE SUPÉRIEUR. | |
| | TERRAIN TERTIAIRE MOYEN. |
| | T. TERTIAIRE INFÉRIEUR. |
| | T. CRÉTACÉ SUPÉRIEUR. |
| | T. CRÉTACÉ INFÉRIEUR. |
| T. JURASSIQUE. | |
| T. DE TRIAS. | |
| T. PÉNÉEN. | |
| | T. HOUILLER. |
| T. DE TRANSITION. | |

Nous aurons donc à étudier successivement : 1° le terrain de transition ;

2° Le grès rouge ;

3° Le grès vosgien ;

4° Le grès bigarré ;

5° Le terrain jurassique ;

6° Le terrain tertiaire ;

7° Les alluvions anciennes ;

8° Les alluvions modernes ;

La carte géologique placée à la fin de ce volume, donnera, nous l'espérons, une idée satisfaisante de la manière dont ces différents terrains sont distribués sur la surface du sol, et les rapports de ces terrains entre eux deviendront on ne peut plus faciles à comprendre, par l'inspection des deux coupes géologiques représentées par les figures 7 et 8.

Enfin, pour compléter toutes les notions générales dont nous avons besoin, nous donnons ci-après le tableau des principaux soulèvements tel qu'il a été dressé par M. Elie de Beaumont ; ce tableau contient aussi l'indication des terrains qui se sont constitués entre ces divers soulèvements.

#### TABLEAU GÉNÉRAL DES PRINCIPAUX SOULÈVEMENTS DU SOL.

##### SOULÈVEMENT DU SYSTÈME DU TÉNARE.

Origine de l'Etna, du Vésuve, et peut-être des volcans éteints de l'Auvergne ; redressement de la côte sud de la Morée jusqu'au cap Ténare.

###### TERRAIN DILUVIEN.

Dépôts diluviens dans la Toscane, etc.

## SOULÈVEMENT DU SYSTÈME DE LA CHAINE PRINCIPALE DES ALPES,
### depuis le Valais jusqu'en Autriche.

#### TERRAIN TERTIAIRE SUPÉRIEURE.

Terrains subapennins; sables des Landes; alluvions anciennes de la Beauce; tufs à ossements de l'Auvergne.

## SOULÈVEMENT DU SYSTÈME DES ALPES OCCIDENTALES.

#### TERRAIN TERTIAIRE MOYEN.

Faluns de la Touraine; sables de la Sologne; calcaire d'eau douce à lignites du midi de la France.

## SOULÈVEMENT DU SYSTÈME DU TATTA.

Redressement des couches de l'île de Wight.

#### ÉTAGE INFÉRIEUR DU TERRAIN TERTIAIRE MOYEN.

Grès de Fontainebleau.

## SOULÈVEMENT DU SYSTÈME DE CORSE ET DE SARDAIGNE.

#### TERRAIN TERTIAIRE INFÉRIEUR.

Marnes avec gypse; calcaire grossier de Paris; argile plastique; lignites du Soissonnais.

## SOULÈVEMENT DU SYSTÈME PYRÉNEÉN.
### Chaine des Pyrénées et des Apennius.

#### TERRAIN NUMMULITIQUE

Calcaire du bassin de l'Adour.

#### TERRAIN CRÉTACÉ SUPÉRIEUR.

Craie de Meudon, etc.

## SOULÈVEMENT DU SYSTÈME DU MONT VISO.

#### TERRAIN CRÉTACÉ INFÉRIEUR.

Craie tufau; grès vert; terrain néocomien; dépôts waldiens.

## SOULÈVEMENT DU SYSTÈME DE LA COTE-D'OR.
### Mont Pila, Cévennes, Erzgebirge en Saxe.

#### TERRAINS JURASSIQUES.

Étage oolithique supérieur (calcaire de Portland; argile de Kimmeridge et de Honfleur).

Étage oolithique moyen (oolithe d'Oxford
et calcaire de Lisieux; argile d'Oxford et
de Dives).

Étage oolithique inférieur (calcaire à polypiers; grande oolithe, calcaire de Caen;
marnes et calcaires à bélemnites; lignites
du Tarn et de la Lozère).

Lias ou calcaire à gryphées arquées; grès du
lias; dolomies.

### SOULÈVEMENT DU SYSTÈME DU THURINGERWALD.
#### Montagnes du Morvan.

##### TERRAIN LIASSIQUE.

Marnes irisées avec amas de gypse et de sel;
    (lignites de l'Alsace et de la Lorraine).
Muschelkalk.
Grès bigarré.

### SOULÈVEMENT DU SYSTÈME DU RHIN.
#### Montagnes des Vosges et de la forêt Noire.

Grès des Vosges.

### SOULÈVEMENT DU SYSTÈME DES PAYS-BAS.
#### Portion sud du pays de Galles.

##### TERRAINS PÉNÉENS.

Zechstein ou calcaire magnésien; nouveau
grès rouge.

### SOULÈVEMENT DU SYSTÈME DU NORD DE L'ANGLETERRE.
##### TERRAIN HOUILLER.

### SOULÈVEMENT DU SYSTÈME DU FOREZ.
##### TERRAIN CARBONIFÈRE.

Calcaire carbonifère; calcaire des montagnes
et millstone-grit de l'Angleterre.

### SOULÈVEMENT DU SYSTÈME DES BALLONS.
#### Ballons des Vosges; collines du Bocage et de la Normandie.

##### TERRAIN DÉVONIEN.

Vieux grès rouge; calcaire carbonifère de
l'Écosse; terrain anthraxifère de la Loire-
Inférieure.

### SOULÈVEMENT DU SYSTÈME DE WESTMORELAND.

#### TERRAIN SILURIEN.

Calcaire de Dudly; schistes-ardoises d'Angers.

### SOULÈVEMENT DU SYSTÈME DU MORBIHAN.

#### TERRAIN CUMBRIEN.

Schistes paléozoïques du Cumberland et de la Bretagne.

### SOULÈVEMENT DU SYSTÈME DE LONGMYND.

#### PORTION DES TERRAINS ANCIENS.

Schistes anciens de la Bretagne, près Morlaix; gneiss de la Normandie, près Vire et Avranches.

### SOULÈVEMENT DU SYSTÈME DU FINISTÈRE.

#### PORTION DES TERRAINS ANCIENS.

Schistes de la rade de Brest; roches de la côte méridionale du golfe de Finlande, etc.

### SOULÈVEMENT DU SYSTÈME DE VENDÉE.

#### PORTION DES TERRAINS ANCIENS.

Schistes verts de Belle-Isle; micaschistes de Redon et Pontivy.

Abordons maintenant l'étude de chaque terrain en particulier, en commençant par le plus ancien.

Nous avons déjà dit qu'il est au moins problématique que le terrain primitif proprement dit affleure en quelque point de notre canton. C'est aussi l'avis de M. Elie de Beaumont qui dit, d'une manière plus générale, que «la vraie roche primitive, la première écorce de «notre planète en fusion, n'a été conservée en aucun «point des Vosges; le granite porphyroïde qui forme, «dans la disposition actuelle des choses, la base de tout «le massif et pour ainsi dire, le cœur des montagnes, «présente des traces non équivoques d'une origine érup-

«tive, ou du moins postérieure à l'existence d'une pre-
»mière série de roches solides qui a été réduite en frag-
»ments sur son passage.» (*)

Nous regarderons donc nos terrains cristallisés comme
des masses intercalaires qui sont arrivées au jour à
travers des terrains cristallisés et sédimentaires plus
anciens qu'eux; de cette manière le terrain de transition
se trouverait être le plus ancien de la série que nous nous
proposons d'étudier; c'est donc par cette description
que nous devons commencer cette partie de notre
travail.

La dénomination de *terrain de transition*, nous le
savons déjà, ne vaut absolument rien; nous ne la con-
servons que pour nous conformer a un usage généralement adopté. Il n'y a réellement pas de terrains de
transition; il n'existe que des terrains de sédiment et
des terrains cristallisés d'origine ignée. Lorsqu'un terrain de sédiment a été modifié par la température des
masses ignées qui se sont formées dans son voisinage,
il rentre dans la catégorie des terrains métamorphiques,
mais, au point de vue de l'origine, nous ne pouvons
admettre de moyen terme; un terrain est ou tout l'un
ou tout l'autre.

Le terrain de transition couvre au moins les trois
quarts de la surface du canton de Guebwiller. Il forme
presque toute la masse des hautes montagnes qui bornent la vallée de Guebwiller, du côté de l'ouest. Le

(*) E. de Beaumont. Explication de la carte géologique de France.

Ballon et ses contreforts jusqu'au niveau du Liebenberg et du Bildstœckle, les montagnes qui forment le côté gauche de la vallée de Rimbach jusqu'au Rabourg, enfin la grande bande de montagnes qui s'étend en demi-cercle depuis le Markstein jusqu'à St. Gangolf et sépare la vallée de Guebwiller de celle de Munster, sont constitués par ce même terrain; nous pouvons dire, d'une manière générale, qu'il forme presque toute la portion de territoire située à l'ouest d'une ligne droite qui, coupant obliquement la vallée, s'étendrait depuis le Ziegelacker jusqu'à Jungholtz.

En traçant de cette manière les limites de ce terrain, nous nous mettons peut-être en contradiction avec M. Elie de Beaumont. Selon cet auteur, le terrain de transition ne se trouverait qu'à la partie antérieure de la vallée de Guebwiller et dans la vallée de Rimbach, en sortant de ce village pour monter au Ballon; toute la partie occidentale de nos montagnes, serait formée par un pétrosilex porphyroïde, un porphyre qui aurait percé le terrain de transition et se serait étalé à sa surface.

Nous citons : "Diverses variétés de ces pétrosilex " porphyroïdes et souvent bréchiformes composent " tout le dôme du Ballon; l'entonnoir du lac du Ballon, " sur la pente N. de la montagne, y est entaillé dans " son entier, et ce massif fait lui-même partie d'un " ensemble beaucoup plus considérable qui couvre une " grande surface au nord de la vallée de St. Amarin où " il est circonscrit par le granite. La limite du terrain " porphyrique s'étend du pied oriental du Ballon à

« Munster et de Munster à Wildenstein et à Felleringen ;
« elle embrasse le petit Ballon ou Kaalen Waasen au
« N. de la vallée de la Lauch, et le col de Steinlebach
« situé entre la vallée de la Lauch et celle de la Thur. »

Nous comprenons mal peut-être l'idée de M. Elie de Beaumont, mais, telle que nous la comprenons, nous hésitons un peu à l'admettre, malgré la grande autorité dont elle est étayée, malgré, pourrions nous dire, la dette de reconnaissance que nous avons contractée envers l'auteur qui l'a émise, dette tellement considérable, qu'il ne resterait plus grand' chose de bon dans notre travail, si nous nous voyions forcé de restituer à l'auteur de la carte géologique de France, les nombreux emprunts que nous lui avons faits.

Nous avons parcouru bien des fois les montagnes nommées par M. Elie de Beaumont dans le passage cité et nos recherches n'ont fait que nous confirmer dans cette idée, que la grande masse de ces montagnes est constituée par du terrain de sédiment.

Nous croyons donc être dans le vrai en maintenant les limites du terrain de transition telles que nous les avons tracées.

M. Daubrée, dans sa Description géologique du Bas-Rhin, fait remarquer avec raison qu'il est assez difficile de caractériser avec certitude le système auquel appartiennent les terrains de transition des Vosges. Il nous a semblé que le terrain de transition que nous rencontrons dans le canton de Guebwiller et dans les contrées environnantes, présente la plupart des caractères qui appartiennent à l'étage silurien de ce groupe ; cependant, la portion de ce terrain qui, du côté de l'Est, s'unit aux couches inférieures du terrain houiller, pourrait bien avoir une origine plus récente.

Les *grauwackes* et les *schistes* constituent la partie principale de notre terrain de transition; les autres éléments que l'on y rencontre encore sont subordonnés à ces roches dominantes ou sont même tout-à-fait accessoires.

La grauwacke a été formée aux dépens des éléments divisés ou dissociés des roches plus anciennes (feldspath, quartz, tole, mica); ces éléments ont été accumulés en masses primitivement meubles et réunis par un ciment de même nature qu'eux, très-fin, parfaitement compacte, qui a les mêmes caractères de fusion que le feldspath. Ils forment des grès et des conglomérats dont les particules anguleuses se pénètrent réciproquement et simulent quelquefois la structure des roches cristallisées, de manière à tromper l'œil le plus exercé.

Les dimensions des particules qui composent cette roche sont très-variables. J'ai trouvé près du sommet du Wirbelkopf ou Langelfelderkopf, des roches de ce genre qui ont été pour ainsi dire disséquées par les agents atmosphériques et dont la surface montre une agglomération de cailloux dont la grosseur dépasse souvent celle d'un pois. La cassure récente de cette roche ne ferait certainement pas soupçonner une semblable structure; elle est nette et comme porphyroïde; le ciment a la même cohésion que les parties cimentées, de sorte que la division s'opère

suivant une surface plane à travers toutes les parties
composantes de la roche, parties dont on peut reconnaître les sections en y regardant avec un peu
d'attention. Cet aspect porphyroïde a trompé des ob-
servateurs, très-habiles du reste, qui ont confondu
ce terrain avec les terrains ignés.

M. Rozet, dans un travail très-remarquable sur
la constitution géologique de la partie méridionale des
Vosges, est tombé dans cette erreur et a décrit ce
terrain sous le nom de *trapps*. Par cette dénomination qui n'est plus guère employée dans les
traités de géologie plus modernes, M. Rozet enten-
dait désigner des roches d'origine ignée. M. Cordier
a relevé cette erreur dans son rapport à la com-
mission de l'Académie des sciences chargée d'examiner
ce mémoire.

Nous avions pensé d'abord que Léonhart s'en était
laissé imposer par les mêmes apparences, quand il
parle de porphyre pyroxénique ou mélaphyre qui doit
se trouver en grande abondance dans les environs
du Ballon, près de Rimbach; il est vrai que nous
avions vainement cherché ce porphyre et que ce sont
les indications de M. J. Kœchlin qui nous ont aidé
à le reconnaître; cela se comprend jusqu'à un certain
point, attendu que, dans cette localité, cette roche
est peu abondante et assez mal caractérisée. (*) Peut-
être le professeur allemand, qui, dans ce passage,

___

(*) Ce sont les propres paroles de notre honorable rapporteur.

semble avoir copié M. E. de Beaumont, a-t-il voulu désigner les mélaphyres qui affleurent près de Jungholz, sur la rive gauche du ruisseau de Rimbach, et qui semblent supporter le paté de grès vosgien qui sépare la vallée de Guebwiller de celle de Rimbach.

La plus grande masse du système est représentée par des grauwackes à grains bien plus fins, véritables grès très-fortement cimentés, de couleur grise ou bleuâtre. Je n'ai pas besoin de m'étendre beaucoup sur leur description; nous les avons continuellement sous les yeux; ce sont les cailloux roulés de la Lauch, les pavés de nos rues.

Les grauwackes à grains fins et à grains grossiers peuvent alterner. Souvent la grauwacke tend à devenir schisteuse; bien plus rarement elle est poreuse ou même boursoufflée (*).

L'on rencontre souvent sur nos montagnes, dans des blocs de grauwacke brisés par les gelées, et sur des surfaces qui ne présentent pas de traces d'une division fort ancienne, de grandes cavités parfaitement sphériques, dont le diamètre excède souvent vingt ou trente centimètres, et que l'on ne saurait mieux comparer qu'à des empreintes de boulets. Ces cavités ressemblent assez bien à de grosses bulles de gaz, arrêtées au milieu d'une pâte demi-molle (ceci est plutôt une comparaison qu'une explication); si elles sont dues à la destruction de masses globuleuses

(*) Leonhart. Handbuch der Geologie und Geognosie.

plus altérables que la grauwacke et sur lesquelles cette dernière se serait en quelques sorte moulée, la nature de ces masses et la cause de leur parfaite sphéricité seraient un sujet de recherches qui ne manquerait pas d'intérêt. Nous nous bornons à signaler le fait sans hazarder d'explications.

Enfin la matière composante de la roche peut être réduite à un état de ténuité bien plus grand encore et former des masses divisées en lames parallèles plus ou moins épaisses. La roche ainsi constituée a reçu par excellence le nom de schiste ; l'ardoise ordinaire nous offre la réunion de ses traits les plus caractéristiques. Elle est formée de parties feldspathiques, quartzeuses, talqueuses, atténuées au point d'être devenues presque microscopiques. On y rencontre fréquemment des paillettes de mica disséminées comme les grains de sable dans les pâtes argileuses ordinaires ; c'est une preuve de plus de l'origine aqueuse de cette roche.

On la rencontre au Hilser-Kopf, au Remsbach, sur les versants du Demberg et du Kehr qui sont orientés du côté de la plaine, et dans beaucoup d'autres localités encore. On a tenté autrefois d'exploiter ces ardoises ; les anciens du pays nous ont dit que le clocher de l'église de Lautenbach est couvert avec des ardoises de la vallée et nous ont désigné le Schieferkopf comme le lieu d'où elles doivent avoir été extraites.

Ces différentes espèces de roches (grauwackes et schistes) se trouvent dans des conditions de stratification très-variables. La stratification de la grauwacke est assez mal dessinée ; les couches qu'elle forme sont

quelquefois tellement puissantes qu'il devient très-diffi-
cile de les reconnaître ; elles ne sont bien évidentes que lorsque la r che prend la forme schisteuse.

Les strates du schiste argileux atteignent leur plus
grande puissance là ou cette roche alterne le moins
avec les autres roches du même groupe. Il importe
beaucoup, pour ce genre de roches, de distinguer la
schistosite ou division en lamelles, de la stratification.
Les lamelles sont souvent très obliques par rapport
aux plans des strates, quelquefois elles leur sont per-
pendiculaires. Cette dernière disposition se voit assez
bien dans les sentiers qui conduisent de la tuilerie de
St.-Gangolf à la ferme du Dornesyll ; dans le Finster-
biecheleweg, derrière Bühl ; au Hexenbuckel, à l'entrée
du vallon du Kehr ; dans la partie de Murbach située en
deçà de la cascade et que l'on désigne sous le nom de
Paradis (*) etc. Enfin ces lamelles elles-mêmes sont
souvent parcourues, dans le sens de leur épaisseur, par
de nombreuses fentes qui se coupent à angles très-aigus,
ce qui fait que la roche entière semble formée par une
agglomération de petits prismes triangulaires ou lozan-
giques. Entre autres lieux où cette particularité peut être
observée, nous citerons le chemin creux du Steinglitzer.

Les grauwackes et les schistes sont, en outre, divi-
visées dans tous les sens par de nombreuses fissures
dont la largeur peut varier de quelques millimètres à

---

(*) Le Sprung de Murbach est l'un des sites les plus pittoresques de notre
vallée. La partie de la vallée de Fribourg située en avant du Hirschsprung et
du val d'Enfer proprement dit, porte aussi le nom de Himmelreich ou Paradis.
Il est curieux de voir, dans deux pays différents, les mêmes contrastes amener
les mêmes dénominations.

plusieurs centimètres, et ces fissures sont elles-mêmes remplies, la plupart du temps, par des infiltrations quartzeuses disposées comme des lames à travers la substance de la roche. Le quartz résiste beaucoup mieux au frottement que la substance déposée dans les aréoles qu'il circonscrit, et c'est à cette circonstance que beaucoup de blocs de grauwacke roulés par nos torrents, doivent cet aspect réticulé et ces formes bizarres qui attirent l'attention du vulgaire beaucoup plus qu'elles ne le méritent réellement. Je mentionne ce fait parce que l'on m'apporte souvent, dans d'excellentes intentions du reste, des cailloux de ce genre qui n'ont d'autre mérite que la singularité de leurs formes, fait complétement dénué de portée scientifique.

A cette roche dominante sont subordonnées diverses espèces moins importantes : les *quartzites*, roche blanche, très-dure, et formant quelquefois des masses assez considérables ; on la rencontre surtout dans le Bœlchenbach, au-delà de Linthal, sur le flanc du petit Ballon et dans le Grand-Soultzbach, sur la droite du chemin de Lautenbach à Wasserbourg. C'est un grès quartzeux à très-petits grains, liés très-intimement entre eux par un ciment quartzeux lui-même. Il est d'origine aqueuse et pourrait à la rigueur, contenir des fossiles. Il faut bien le distinguer du quartz d'un aspect analogue et d'une composition chimique identique, que l'on trouve dans les terrains éruptifs. Cette roche est facile à reconnaitre, c'est elle qui a servi, en grande partie, à la construction de la chapelle qui a été récemment élevée à l'entrée de Linthal.

La *Lydienne* ou *pierre de touche* n'est pas très-rare dans nos schistes ; elle semble n'être qu'une variété de cette dernière roche, colorée par une substance noire qui fait contraste avec la trace du métal que l'on veut essayer ; j'en ai vu des fragments provenant des environs du Heisenstein.

J'ai encore trouvé au Bruderhaus le *Phthanite*, roche siliceuse mêlée d'une certaine quantité d'eau, qui semble être l'équivalent du silex des terrains supérieurs et jouer dans le terrain de transition le même rôle que le silex dans les marnes et les calcaires plus modernes. Il est noirâtre, fendillé dans une foule de sens ; il se casse en fragments rhomboïdaux et ses fissures sont souvent remplies par des veines de quartz. Quand la roche n'a point de veines, elle constitue la *pierre de touche dure*, moins bonne que la *lydienne* ou *pierre de touche tendre* ; néanmoins elle a été souvent employée.

Dans le sentier qui conduit du Waasen de Lautenbach-Zell à Murbach, près du col de la Wolfsgrub et là où la montée est le plus raide, on trouve des fragments épars d'un calcaire rougeâtre, présentant quelquefois un aspect cristallin.

Nous n'avons jamais trouvé la roche en place, ou, pour mieux dire, nous n'avons jamais eu le temps de la chercher, mais elle existe certainement dans le voisinage de ce col, soit du côté du Hohen-Rupf, soit sur la montagne opposée. C'est le seul exemple de calcaire de transition que nous connaissions dans nos environs, et si cette roche devait avoir un développement un peu considérable, elle pourrait donner lieu à une exploitation qui ne serait peut-être pas sans importance ; car ces calcaires ne constituent pas seulement une excellente pierre à chaux comme celle que l'on exploite à Schirmeck, mais ils fournissent encore les plus beaux marbres que l'on connaisse. Sans fonder de trop grandes espérances sur cette découverte, il serait cependant assez intéressant de connaître le gisement de cette roche.

A la pointe du Gispel, à gauche de la route de Guebwiller à Bühl, il existe une roche assez curieuse ; elle est porphyroïde, verdâtre et souvent parsemée de points jaunes. Elle forme des veines plus ou moins puissantes dans le schiste argileux ; les parois de la cave qui existe dans ce point de la montagne, en montrent de très-remarquables. En face de la pointe du Gispel, dans le pré qui se trouve de l'autre côté de la route, il existait autrefois un rocher isolé qui n'était que la continuation d'une veine de ce genre qui doit traverser la route en cet endroit ; les débris de ce rocher, que l'on a fait sauter il y quelques années, ont servi à la construction du mur crénelé contigu au Gispel et de ce petit édifice, imité du Hugstein, dont les ruines s'élèvent, toutes neuves, au sommet de ce monticule. Cette roche ressemble beaucoup à ce que M. Rozet a nommé *diorite suborbiculaire*, mais tous les géologues auxquels nous l'avons montrée s'accordent à la regarder plutôt comme de la grauwacke métamorphique, et c'est aussi l'opinion que nous adoptons.

Des roches porphyriques mieux caractérisées traversent les schistes en différentes parties de nos montagnes. Encore l'examen de ces roches peut-il dans certains cas, laisser un léger doute dans l'esprit, et, lorsqu'il s'agit d'exprimer leur nom, les mots de porphyre et de grauwacke métamorphique se présentent-ils quelquefois simultanément au bout de la plume. Cette hésitation n'a rien que de très-naturel; en effet, dans le voisinage du point de contact de la masse pénétrante et du terrain sédimentaire à travers laquelle l'éruption s'est faite, il a dû s'opérer des modifications et des échanges d'éléments tels qu'il est souvent devenu difficile de dire où finit la roche ignée et où commence la roche neptunienne.

Ce porphyre, constitué par une pâte fedspathique brune parsemée de petits cristaux de quartz, se trouve principalement entre le Hugstein et la portion de montagne limitée du côté de Rimbach-Zell, par le Bildstœcklé et le Peter-nit. Il constitue donc la masse de cette série de montagnes qui sont placées transversalement entre la vallée de Guebwiller et celle de Rimbach à l'E. du Kohlgraben. On retrouve encore ce même porphyre au Trottberg et à la limite méridionale du canton, près de l'Eyerzinsthal et de Rabourg, dans la commune de Rimbach-Zell. Il arrive assez fréquemment de voir ce porphyre perdre son quartz pour prendre du calcaire; dans cet état il devient un *spilithe*. Cette roche est brune et parsemée de veines ou de taches blanches qui font effervescence avec les acides; on la rencontre dans le chemin de Rimbach, (entre le haut de l'Eselspfad et le Peter-nit), et sur la rive gauche du ruisseau de Rimbach, à mi-chemin de Rimbach-zell à Jungholtz. L'on trouvera encore de très-beaux mélaphyres dans cette dernière localité et dans les lieux environnants, au bord du chemin qui longe la rive gauche de ce ruisseau, jusqu-à une certaine distance de Jungholtz, où ces roches plongent sous le grès vosgien.

Dans le chapitre précédent, à propos de considérations générales sur le métamorphisme, nous avons déjà eu l'occasion de parler des schistes métamorphiques qui forment une partie des monticules qui s'étendent depuis le sommet du Luspelkœpfel jusqu'à la pointe du Seichling. On trouve cette roche dans tout l'espace compris entre ces deux points, dans une partie du Nonnenthal, dans le Kreyenbach, dans le Schimmelrein et au Kirchenwuest. Ses teintes sont des plus variées et souvent elles sont combinées de manière à produire de très-heureux effets; quelquefois c'est du rouge foncé, ou bien du rouge mêlé de rose; tantôt du vert de différentes nuances; du vert marbré de rouge etc. Le rouge est bien certainement la couleur primitive de la roche et les teintes vertes ne sont qu'un résultat de son altération par le contact de l'air. Quelquefois l'altération est plus avancée encore, la roche devient blanche, tendre et constitue alors un véritable kaolin. (*) Enfin il n'est pas rare de trouver au milieu de la grauwacke métamorphisée et même profondément altérée, des blocs de pétrosilex rouge, très-dur, faisant feu sous le briquet.

Un fait remarquable, c'est que tout près de cette roche modifiée d'une manière si profonde, se trouve

______

(*) Feldspath altéré qui sert à la fabrication de la porcelaine.

une espèce de grès assez semblable à de la grauwacke et qui a complètement échappé à l'action des
agents modificateurs. Cette roche est surtout facile à
observer dans les environs du Holtzweg, sur le versant
du Luspelkopf qui forme la paroi gauche du vallon du
Bruderhaus ; elle est grise, assez tendre, parcourue de
nombreuses fissures et renferme une grande quantité
de débris végétaux parfaitement conservés qui appartiennent en majeure partie au *stigmaria ficoïdes*. Les
personnes qui voudront vérifier le fait n'auront qu'à
fouiller un peu le sol dans le Holtzweg même, à deux
cents pas environ du carrefour formé par ce chemin et
le chemin du Kreyenbach. La présence de ce fossile ne
laisse aucun doute sur la nature de cette roche qui
appartient évidemment à la formation houillère. Cette particularité si intéressante de la géologie de notre pays,
nous a été signalée récemment par un de nos compa-
triotes, M. l'abbé Braun, et pour bien faire, nous aurions
dû consacrer quelques pages à la description du terrain
houiller qui est certainement représenté dans notre canton. Nous signalons cette lacune qui n'est probablement
pas la seule que l'on pourra trouver dans le cours de
ce travail.

Les rapports intimes du grès houiller avec le terrain
métamorphique de la pente orientale du Luspelkopf
peuvent faire supposer que ce grès a aussi dû jouer son
rôle dans ces transformations.

Les roches métamorphiques dont nous nous occup-
pons sont limitées au sud par la roche lamellaire du
Saülæger, roche que nous en considerons comme du

grès rouge modifié par le feu ; du côté du nord il se termine par une rampe escarpée, parallèle à la route de
Guebwiller à Bühl, et s'étendant depuis le Hœltzleweg jusqu'au Seichlingweg. Toute cette partie est formée par
un porphyre quartzifère, de couleur brune, analogue
au porphyre du Hugstein. Est-ce l'éruption de cette
roche qui a occasionné la transformation métamorphique des schistes et du grès houiller qui l'avoisinent,
ou bien, cette roche n'a-t-elle que l'aspect porphyroïde,
et faut-il chercher plus loin encore la cause de ces différentes transformations? Voilà des questions qui em-
barrasseraient de plus habiles que nous, et nous lais-
serons à d'autres le soin de les trancher d'une manière
définitive ; cependant, pour simplifier les choses, nous
nous en tiendrons à l'opinion, ou, si l'on veut, à la sup-
position, de l'origine éruptive de cette roche, opinion
que nous avons déjà émise avec beaucoup moins de
précautions, lorsqu'il ne s'agissait que de démonstrations théoriques.

En perçant le canal souterrain de la fabrique de MM.
Astruc et Cᵉ., l'on a rencontré une masse de serpentine
assez considérable dont les débris, mêlés à des blocs
de grauwacke, ont servi à la construction de la petite
chaussée qui se trouve en aval de la prise d'eau de ce
canal. Je n'ai pas encore eu l'occasion de rechercher
le point de la montagne d'où cette roche a été extraite ;
peut-être trouverait-on là des blocs qui pourraient
être employés avec avantage pour la confection de
quelques ouvrages d'art.

Nous avons déjà dit un mot des roches cristallisées

qui, à l'époque du soulèvement général des Vosges, sont venues s'intercaler en amas plus ou moins considérables au milieu des masses disloquées du terrain de transition. Nous savons déjà que la montagne qui s'étend depuis la chapelle de Lautenbach jusqu'au Grand Soultzbach, sous les noms de Procht et d'Erlenbach, a été formée de cette manière. En face de ce point, il existe une autre masse granitique semblable à la précédente et qui s'avance dans le sol de transition comme un coin dont la base se trouverait à la limite méridionale du canton et le sommet au Buchenwaldkopf et au Heidenkopf; cette roche se trouve encore au fond du Bœlchenbach, au Hilsen, au Lauchen, etc.

Ces lambeaux de granite se rattachent, par leur âge et leur origine, à la grande masse granitique qui forme, pour ainsi dire, l'axe fondamental des Vosges et qui traverse le massif entier, sous la forme d'une large bande «dirigée obliquement à la ligne de faîte de la «chaine, depuis les bords de la plaine du Rhin, près «de Dambach et de Kaysersberg, jusqu'aux environs «de Remiremont et du Val d'Ajol.» (*)

On a remarqué que, dans les Vosges, les monts granitiques forment en général des sommets autour desquels les terrains de transition semblent se grouper, mais ceci ne s'applique plus aux lambeaux de granite qui se trouvent dans notre vallée et qui sont comme perdus au milieu des terrains de transition.

(*) Elie de Beaumont, Description de la carte géologique de France.

Le terrain de transition est encore traversé, en beaucoup de points, par d'autres matières qui, venues le plus souvent de bas en haut et à l'état de fusion, ont injecté les fentes des rochers et ont ainsi constitué des filons chargés quelquefois de substances métalliques assez abondantes pour que leur exploitation ait pu être tentée avec succès.

A l'Eselspfad il existe une veine de sulfate de baryte assez puissante; les fragments épars de cette roche couvrent le sol, dans la partie la plus roide de la montée. Une veine du même genre traverse le chemin du Wisrain, derrière Murbach. Cette roche sert souvent de gangue au minérai de plomb argentifère (à Badenweiler par exemple); mais je n'ai jamais trouvé de traces de métal dans le sulfate de baryte de nos environs.

Citons encore, parmi ces substances, les veines nombreuses de carbonate de chaux, parsemées de minérai de plomb, que l'on a rencontrées en grande abondance dans le percement du canal souterrain de Lautenbach; la blende (sulfate de zinc) et les pyrites (sulfure de fer) que l'on rencontre en faible quantité dans le même canal et dans les environs du Ziegelacker.

Le minérai de fer est assez abondant dans ces terrains et les galeries souterraines que l'on voit encore au Gispel, au Lerchenfeld, à St.-Gangolf et dans les environs de Murbach, prouvent que depuis très-longtemps l'on s'est occupé de son extraction. Je ne crois pas que les tentatives faites par nos devanciers aient été bien fructueuses; mais des recherches plus récentes et mieux dirigées ont produit de meilleurs résultats et l'on exploite en ce moment, au Stohrenloch, un filon d'hématite brune et de fer spathique dont le rendement doit être assez satisfaisant. L'hématite y existe en masses tantôt compactes, tantôt caverneuses, et le fer spathique forme des rognons de couleur blanche qui remplissent souvent les cavités de la première de ces substances minérales.

Enfin, nous trouvons des filons dans le granite lui-même ; j'en connais un, non loin du ravin qui sillonne la montagne au pied de laquelle est bâti le village de Lautenbach, à-peu-près au niveau de la scierie qui se trouve au milieu du village, et j'ai vu, entre les mains des propriétaires actuels de ce terrain, quelques objets en argent de peu d'importance, comme des croix, des anneaux, fabriqués, m'a-t-on assuré, avec du métal extrait de ce point de la montagne, résultat assez pauvre de fouilles dispendieuses entreprises par leurs ancêtres ; peut être, cependant, ces tentatives mériteraient-elles d'être répétées.

Ce qui s'observe dans notre terrain de transition semble prouver que la date de la formation de ses différentes couches est d'autant plus ancienne que les matières composantes de la roche sont plus grossières ; ainsi la grauwacke se serait formée la première, et le schiste se serait déposé au-dessus de la grauwacke.

L'examen de quelques parties de ce terrain rendues plus accessibles à nos regards par la création du canal souterrain dont nous avons déjà parlé, semble confirmer cette manière de voir.

Dans la partie du Demberg la plus rapprochée du grand établissement industriel de Bühl, et surtout à la seconde des ouvertures qui ont servi à la sortie des déblais du canal, le terrain est composé de grands feuillets parallèles entr'eux et qui sont tous relevés de manière à former un angle d'environ 70 degrés avec le plan de l'horizon. A mesure que l'on se rapproche du vallon du Kehr, la roche devient de plus en plus compacte et moins schisteuse, et, aux ouvertures les plus rappochées du Kehr, on ne trouve plus que de la grauwacke ordinaire.

Dans la montagne dans laquelle est creusée l'autre portion du canal souterrain, entre le vallon du Kehr et le Geffenthal, nous retrouvons la même succession de roches disposées dans les mêmes rapports et inclinées à-peu-près suivant le même angle.

Ces couches obliques ont dû jadis être horizontales; à une époque plus ou moins éloignée de celle de leur formation, elles ont été relevées de telle sorte que la surface primitivement horizontale a formé les versants parallèles du Demberg et du Kehr qui sont dirigés du côté de la plaine tandis que les surfaces fracturées sont devenues les versants opposés. Les deux montagnes peuvent très-bien être comparées à deux dés qui, d'abord juxtaposés par deux de leurs plans, se sont ensuite juxtaposés par deux de leurs arêtes. (Fig. 9) Le point de contact de ces deux arêtes se trouve au fond du vallon du Kehr.

Ceci n'est-il qu'un fait isolé, ou bien ce fait lui-même est-il le résultat d'une cause générale qui aurait produit des effets semblables sur une vaste étendue de terrain?

Une considération, bien superficielle peut-être, me porte à opter pour cette dernière explication; c'est le parallélisme des lignes de faîte de tous les contreforts secondaires de notre vallée et l'égalité des angles formés par l'incidence des lignes de faîte de l'un des côtés de la vallée sur celles du côté opposé; ainsi, un observateur qui, placé auprès de la filature de laine de Bühl, voudrait faire une esquisse du vallon de Murbach, n'aurait qu'à tracer quelques hachures en épi et je doute que cette régularité de lignes séduise jamais un paysagiste, quelque admirable que soit, du reste, le tableau que l'on embrasse de ce point de vue. La vallée principale de Guebwiller, vue des hauteurs du Steinlebach, offre à-peu-près un coup d'œil semblable.

Quoique la forme générale de notre terrain de transition soit due à une cause qui, agissant instantanément, a retenti jusque dans les profondeurs de la croûte terrestre et a relevé en différents sens et d'une seule pièce d'énormes pans de roches, l'action lente des agents athmosphériques et des eaux courantes n'a pas peu contribué à modifier cette forme primitive, à émousser des arêtes et des angles d'abord très-aigus, à adoucir en un mot les formes de nos montagnes et à leur donner l'aspect qu'elles ont de nos jours. Le Demberg, par exemple, devait présenter autrefois, du côté de l'ancien étang de Murbach, un versant abrupte incliné à 70 degrés environ.

L'eau de pluie s'introduisant dans les fissures de la roche, occasionne, dans cette dernière, des modifications mécaniques et chimiques qui changent à la longue sa forme générale. Le contact longtemps prolongé de l'air atmosphérique et de l'eau d'infiltration produit à la surface des fragments de pierres, des réactions chimiques en vertu desquelles leurs parties deviennent plus friables ; l'eau délaye ces parties dont la texture a été ainsi modifiée; en se congélant pendant l'hiver, elle fait éclater en tous sens de nouveaux fragments, et les grandes pluies entraînent le tout vers la base de la montagne qui s'étend ainsi en largeur aux dépens des parties les plus élevées. Nous pouvons ainsi nous rendre compte du défaut de parallélisme qui existe entre les versants de nos montagnes et les couches inclinées dont elles sont formées.

Je crois qu'il n'entre pas dans un cadre aussi restreint que celui que je me suis imposé, de décrire avec détail les fossiles qui peuvent se trouver dans nos différents terrains. L'étude de ces débris organiques doit devenir l'objet de travaux tout-à-fait spéciaux pour quiconque désire approfondir la science géologique, et, dans ce cas, les nomenclatures et les descriptions sont insuffisantes; l'examen attentif d'une collection donnera, sur ces objets, des notions plus satisfaisantes que tout ce que nous pourrions ajouter aux considérations dans lesquelles nous venons d'entrer.

Disons quelques mots des usages auxquels se prêtent les différentes parties de notre terrain de transition. Nous avons déjà parlé des substances minérales qu'il renferme et des chances de succès que nous croyons réservées à ceux qui tenteront ultérieurement de les exploiter.

Nous avons parlé aussi de l'emploi que l'on a pu faire de nos ardoises. L'on fera bien, je crois, de ne pas renouveler de pareilles tentatives, car la plupart des ardoises des Vosges s'exfolient et deviennent cassantes par leur exposition à l'influence des agents atmosphériques.

La grauwacke fournit d'excellents matériaux pour le pavage des rues et le chargement des routes. Elle est moins recommandable comme appareil de construction; elle se taille mal et ne contracte presque aucune adhérence avec le mortier, comme on peut le voir sur la surface des murs dans la construction desquels on a eu la maladresse de l'employer. Les maisons construites avec cette pierre (et elles ne sont pas rares dans notre vallée,) sont généralement humides et malsaines.

Les nombreuses fissures qui traversent cette roche dans tous les sens et la facilité avec laquelle elle se dégrade, rendent les éboulements fréquents dans les cavités que l'on y creuse. Ces mêmes causes ont amené la ruine prématurée de certains édifices construits, dans des conditions exceptionnelles, il est vrai, sur un sol de schiste et de porphyre; c'est ainsi que la roche taillée à pic qui supporte la construction féodale du Ilugstein, s'est évidée au-dessous des murailles qui, privées de point d'appui, tombent ou menacent ruine. Cela devait périr; le temps sapait

par la base ce que la civilisation devait plus tard frapper au cœur.

Le sable accumulé en forme de talus à la base des
montagnes granitiques est exploité avec avantage par
les habitants de la vallée.

Les débris des roches de transition ont contribué
à former à la surface du sol une couche de terre qui
semble on ne peut plus favorable pour la culture des
forêts; le châtaignier, le hêtre, le chêne et le sapin
sont les arbres que l'on y cultive avec le plus de succès. La portion de ce terrain qui n'est pas plantée de
forêts forme d'excellents pâturages.

Une bande de vignes longe aussi le pied de la
montagne qui s'étend entre Schweighausen et Lautenbach. Leurs produits, sans être comparables à ceux
des vignes qui sont plus rapprochées de l'entrée de
la vallée, sont cependant très-passables. Je dirai à ce
sujet, qu'un dégustateur fortement papillé, selon
l'expression de Brillat-Savarin, pourrait certainement, rien que d'après les qualités particulières d'un
vin donné, désigner, presque à coup sûr, la nature du
terrain dans lequel il a dû croître. Quoique peu
exercé dans ce genre d'expériences, j'ai pourtant souvent remarqué la différence qui existe entre les vins
de Guebwiller proprement dits, venus dans le sable
du grès vosgien, et les vins des terrains de transition
de Lautenbach ou des terrains calcaires de Bergholtz
et d'Orschwihr, et cette différence ne tient pas seulement à des conditions d'exposition plus ou moins favorables, mais elle dépend encore de la nature du sol.

Ne serait-il pas possible de modifier les qualités de certains vins de notre canton par des amendements dirigés d'après ces données?

Le *grès rouge* forme la portion de terrain située à l'Est de Guebwiller, que l'on désigne sous les noms d'Alttroth, Hægelé, Kœnigstuhl, et Saulæger. Il s'y montre sous deux aspects différents, selon qu'il a subi l'influence des agents modificateurs que nous connaissons, ou qu'il a échappé à leur action. La roche intacte se trouve surtout dans les parties les plus basses; c'est dans le chemin creux de Thierenbach, à deux cents pas environ du Brackenthor, qu'il est le plus facile de l'observer. Elle consiste en un conglomérat formé de fragments de diverses roches plus anciennes (granite, micaschiste, porphyre, quartz, schiste,) arrondis, de dimensions très-variables, réunis par un ciment argilo-ferrugineux de couleur lie de vin. Le ciment forme à lui seul, à travers la masse assez confuse du conglomérat, des couches plus ou moins épaisses qui le divisent en tranches inégales mais parallèles, et dessinent assez bien son plan de stratification; ce plan forme avec l'horizon un angle d'environ 35°. L'on y trouve encore des fragments de roches anciennes beaucoup plus volumineux, à angles intacts, à arêtes vives, épars sans ordre dans la masse du conglomérat. Ces fragments ont été enlevés par les eaux à la surface de rochers qui ne doivent pas se trouver à une bien grande distance de nous, tandis que les cailloux roulés de notre grès rouge portent des traces évidentes d'un plus long voyage.

Le grès rouge métamorphisé est en rapport de continuité immédiate avec la roche intacte et s'étend sur le Saulæger et sur le versant méridional du Luspelkopf. Il est formé par des lames parallèles, d'épaisseur variable, très-distinctes et très-faciles à séparer. Ces lames ont une structure très-curieuse; elles consistent en feuilles très-minces, parallèles entr'elles, séparées quelquefois par de très-petites couches de quartz; elles sont planes ou ondulées, quelquefois elles disparaissent dans des espèces de nœuds ou de tourbillons; les fragments qui présentent cette particularité ressemblent beaucoup à des masses de bois silicifié; d'autre fois elles se contournent autour d'un noyau de quartz; on reproduit assez bien cette disposition en introduisant un doigt entre les feuillets d'un livre, le doigt représentant alors le noyau de quartz.

Nous admettons que la cause de cette transformation du grès rouge est la même que celle qui a transformé d'une manière analogue le terrain de transition sous-jacent. Nous admettons une action à la fois physique et chimique, en déclarant, toutefois, que les questions de ce genre sont encore trop obscures pour qu'il nous soit permis d'émettre à leur endroit une opinion irrévocablement arrêtée. Quand au résultat de cette action, il nous semble se résumer dans un nouveau départ des éléments quartzeux et feldspathiques du grès rouge.

Ce grès repose sur le terrain de transition; il

passe probablement sous le grès vosgien de l'Axwald pour aller reparaître, sous un aspect différent,
dans les environs de Jungholtz ; dans la direction du
Nord, il s'appuie sur la grauwacke métamorphique avec
laquelle, il semble s'être intimement combiné sur toute
l'étendue du plan de contact ; il se termine au sommet du Luspelkopf où il est couvert par une calotte
de grès vosgien.

Les usages du grès rouge sont très-bornés ; le nom
de Roth-todtliegende, que les Allemands ont donné
à ce terrain, indique suffisamment que ce n'est pas
là qu'il faudrait jamais chercher du minérai.

Les fossiles y sont assez rares, cependant ils le
sont beaucoup moins encore que dans le terrain dont
nous allons nous occuper.

Le *grès vosgien* constitue presque toute la masse de
montagnes comprise entre le vallon de St.-Gangolf
et le chemin qui conduit, à travers les vignes, de la
pointe du Kitterlé à Bergholtz-zell et Orschwihr. Il
forme donc, de ce côté, l'Unterlinger, l'Oberlinger,
le Schimberg et le Pfingstberg. De l'autre côté de la
vallée, il forme l'Axwald et le Soultzerkopf ; on trouve
encore un lambeau de ce grès au sommet du Luspelkopf.

Cette roche est constituée par des grains de sable
assez grossiers, naturellement blancs, mais recou-
verts d'un léger enduit de peroxide de fer qui sert de
ciment et donne sa couleur à la masse de la roche,
couleur rouge ou jaune, selon que le peroxide de fer

est anhydre ou hydraté. Le grès coloré en rouge domine dans notre canton; il semble superposé au grès jaune qui ne se trouve guère qu'à l'Unterlinger et du côté de Soultz. Au milieu de ce sable sont disséminés, comme nous l'avons dit, des cailloux roulés plus ou moins nombreux et dont le volume dépasse souvent celui d'un poing. Le quartz qui les constitue, laiteux et opaque, est identique au quartz qui remplit les fissures du schiste ardoisier et aux quartzites intercalés dans le même terrain. Quelquefois les cailloux roulés deviennent l'élément dominant de la roche et le sable semble être répandu dans leurs interstices à la manière d'un ciment; ils forment alors ces poudingues d'un aspect assez pittoresque que l'on rencontre en grande abondance dans l'ancienne carrière du Kitterlé, dans la partie élevée de l'Appenthal, au Schwarzenbach, etc. Ce poudingue est fréquemment employé concurremment avec la roche du Saulæger, pour la décoration de nos jardins.

Les grès et les poudingues sont étalés en strates alternatives, d'épaisseur variable et toujours parallèles. Quelquefois deux couches épaisses de grès à grains fins sont séparées par une très-petite couche de galets; d'autres fois c'est l'inverse; ce sont des couches de poudingues qui acquièrent la plus grande épaisseur et leurs plans de stratification sont marqués par l'interposition d'une faible couche de matière sableuse. Ce terrain paraît avoir été déposé par une eau peu profonde et tour à tour calme ou agitée; le volume de ces éléments est en rapport avec la plus ou moins grande rapidité de locomotion de la masse liquide qui les a charriées; ainsi les masses sableuses rappellent les calmes de la mer vosgienne, tandis que les couches de galets sont là pour perpétuer le souvenir des tempêtes ou des grandes marées qui ont agité ses flots. Quelques faits de détail viennent encore confirmer l'exactitude de cette manière de voir; ainsi, l'on observe quelquefois, à la surface des couches de grès vosgien, des rides analogues à celles qui se produisent à la surface du sable, dans une eau peu profonde agitée par le vent; ou bien ce sont des bourrelets en forme de polygones, qui proviennent de ce que le sable du littoral s'est fendillé en se desséchant et qu'une nouvelle couche de sable, étalée sur la première, s'est moulée sur elle et a pris l'empreinte de ses fissures.

Dans les nombreuses carrières où ce terrain se trouve mis à nu, l'on peut voir que ses strates ne sont pas rigoureusement horizontales, mais qu'elles sont plutôt parallèles au plateau terminal de toute la masse de la montagne. Cette disposition se voit surtout très-bien dans la carrière du Schwartzenbach, sur le chemin de Bühl à St.-Gangolf, et peut se deviner de loin par l'inspection seule des carrières du Schimberg, de l'Appenthal et du Tiefenthal, qui se trouvent toutes dans un même plan, parallèle au faîte de la montagne. Les personnes qui ont ouvert ces carrières connaissaient-elles la structure de ces montagnes, ou bien, est-ce à force de tâtonnements qu'elles sont toutes arrivées à attaquer la même couche de grès sur différentes points d'un même plan oblique?

Entre Bühl et Guebwiller le schiste et le porphyre percent en plusieurs points le grès vosgien et la ligne qui passe par ces différents affleurements, est à-peu-près parallèle au plan des strates du grès et au plateau qui termine, supérieurement, toutes ces couches superposées. Toutes ces parties sont donc disposées suivant un plan incliné, dont la partie la plus élevée se trouve du côté de la plaine et la partie la plus déclive, près du Ziegelacker, au point où le grès vosgien, après avoir passé sous un lambeau de grès bigarré, va rencontrer, en stratification discordante, la base de la montagne de Dornsylle. Dans le principe toutes ces couches ont dû être parallèles à l'horizon, de telle sorte que le sommet de l'Oberlinger, du côté de la plaine, se trouvât de niveau avec le point de rencontre du grès vosgien et du terrain de transition, du côté du Ziegelacker. L'Oberlinger semble donc s'être élevé à la hauteur où il se trouve actuellement, par un mouvement de bascule analogue à celui qui se produit de nos jours sur les côtes de la Suède, mouvement dont l'action a dû s'exercer sur de grandes surfaces et bien au-delà des limites du petit cercle dans lequel nous nous sommes volontairement enfermés. Si ce fait est exact, comme je le suppose, il doit se trouver au-dessous des terrains plus récents qui bordent le pied du grès vosgien, entre Guebwiller et Orschwihr, des couches de ce même grès, dont la tranche a dû s'adapter autrefois à la falaise de l'Oberlinger qui est dirigée du côté du Rhin.

Les vallons que l'en rencontre sur les flancs de cette

montagne (l'Appenthal, le Tiefenthal, etc.) ont été produits d'une manière lente mais continue, par l'action érodante des eaux pluviales et des eaux de source. En nous voyant attribuer des effets aussi considérables à des masses d'eau d'un volume relatif aussi faible, l'on ne s'étonnera pas de nous voir, plus tard, attribuer encore à l'action des eaux le percement de la portion de notre vallée qui est bordée des deux côtés par le grès vosgien.

Le liquide qui a charié sur ce point cette masse de sable et de cailloux, a dû posséder des qualités spéciales, tout-à-fait différentes de celles de nos mers actuelles, car c'est à peine si l'on y rencontre quelques traces d'êtres organisés. Tout ce que nous connaissons en faits de débris de ce genre, consiste en un fragment de tige d'un végétal dont il nous est impossible de caractériser l'espèce; ce débris fossile a été trouvé dans la carrière récemment ouverte dans la partie droite du Tiefenthal. Peut-être la composition chimique de la mer vosgienne était elle incompatible avec la présence de ces êtres, ou bien, tout ce qui vivait alors a-t-il été détruit par l'action mécanique d'une masse liquide qui, nous le savons, devait parfois se mouvoir avec une grande vitesse?

M. Daubrée, dans son bel ouvrage dont nous devrions copier mot à mot beaucoup de pages, s'il entrait dans notre plan d'exposer tout ce que ce terrain présente de particularités intéressantes, M. Daubrée a désigné le terrain plus ancien, duquel ont été détachés les matériaux qui ont servi à constituer le grès vosgien ; ils nous viennent du Hundsruck ; le sable et les cailloux roulés semblent être des débris des roches quartzeuses qui se trouvent dans cette localité, et, (remarquons que cette preuve est d'une grande valeur) l'on a trouvé, dans l'interieur d'un de ces cailloux roulés, un fossile exactement semblable aux fossiles du même genre que l'on rencontre dans le terrain du Hundsruck.

Les sources sont peu nombreuses dans ce terrain, mais celles que l'on y rencontre fournissent une eau très-pure et très-salubre (*). Si l'édilité de Guebwiller devait jamais s'occuper de la distribution générale et régulière des eaux dans notre ville, il faudrait, avant tout, chercher à utiliser les sources que l'on voit sourdre à la surface du grès vosgien, du côté du Tiefthal et du Schinberg.

Le grès vosgien fournit d'excellents matériaux de construction, surtout en moellon et en pierres de taille. Les vastes carrières établies dans nos environs emploient un nombre considérable d'ouvriers, et leur exploitation constitue l'une des branches d'industrie les plus actives du pays. C'est ici que Vauban est venu chercher les matériaux destinés à la construction de la forteresse de Neuf-Brisach, et c'est pour faciliter leur transport, qu'il fit établir à grands frais le canal dérivé de la Lauch, dont les traces se voient encore près de Bergholtz.

Pourquoi faut-il ajouter que, dans notre pays, la profession de tailleur de pierres est l'une des plus insa-

(*) La source dite Hornibrunnen est particulièrement réputée par l'excellente qualité de ses eaux.

lubres qui existent et que les ouvriers qui l'exercent sont tous voués à une mort prématurée, conséquenc inévitable de l'inhalation continue de la poussière du grès. J'ai fait, à ce sujet, quelques relevés statistiques dont je me fais un devoir de reproduire ici les résultats.

Il résulte des chiffres sur lesquels j'ai opéré, que l'âge moyen des ouvriers, au moment où ils ont commencé à travailler dans les carrières, était de 21 ans. Toutes les fois que des accidents intercurrents ne sont par venus hâter la mort, la durée moyenne du travail de carrière a été de 16 ans et 9 mois; la mort est survenue après un terme moyen de 19 ans et 9 mois et elle a été invariablement causée par la phthisie pulmonaire. La durée moyenne de la vie est donc de 39 ans, mais, quelques années avant le terme fatal, la santé des ouvriers à déja subi une altération profonde et la mort survient à la suite d'une maladie, avec incapacité de travail, dont la durée moyenne est d'une année. Voici donc, en résumé, quelle est, dans notre pays, la perspective qui s'ouvre devant un jeune homme qui, se trouvant dans les meilleures conditions de santé possible, se voue, à l'âge de 21 ans, à la profession de tailleur de pierres : 16 à 17 ans de travail avec une santé qui va toujours en s'altérant à partir d'une certaine époque; une année de maladie avec incapacité de travail; une mort certaine vers l'âge de 39 ans.

Je dis les choses telles qu'elles sont, sans rembrunir le tableau, mais sans chercher, non plus, à en adoucir les teintes, et dans l'espoir de voir adopter quelques simples mesures qui pourraient mettre les ouvriers l'abri de la funeste influence à laquelle ils sont exposés.

Plusieurs personnes, animées d'une louable intention et au nombre desquelles je dois citer notre compatriote M. le docteur Beltz, ont proposé des moyens de soustraire les ouvriers à l'action de la poussière du grès. L'appareil proposé par cet honorable confrère consiste en deux parties : un masque en toile métallique à mailles très-fines, et deux éponges mouillées, destinées à être continuellement maintenues devant la bouche et à l'orifice des fosses nasales. Le but de l'appareil est de tamiser l'air avant son introduction dans les voies aériennes, et, sous ce rapport, il me semble qu'il laisse peu à désirer ; mais je crois que son emploi présente quelques difficultés et que les ouvriers, naturellement assez insoucieux de leur santé, s'astreindraient difficilement à l'usage continu de ces deux éponges.

L'on m'a souvent parlé d'un tailleur de pierres nommé Hartung, mort il y a une vingtaine d'années à l'âge de 80 ans ; c'est un exemple de longévité bien rare parmi les gens de cette profession. Cet homme, qui n'a cesser de travailler jusque dans les dernières années de la vie, n'a jamais été vu au travail sans avoir le visage couvert d'un voile de gaze qu'il maintenait toujours à un certain degré d'humidité, en le trempant de temps en temps dans de l'eau qu'il avait toujours à côté de lui pour cet usage. Voilà l'appareil le plus simple qui se puisse imaginer et que je voudrais voir adopter par tous les ouvriers de nos carrières; mais là gît la difficulté. Les gens qui cassent les pierres destinées au chargement des routes comprennent très bien l'utilité du masque, car, sans lui, leur visage serait à chaque instant meurtri par des éclats de pierre; pourra-t-on faire comprendre aux ouvriers qu'il serait au moins aussi important d'arrêter au passage des particules minérales moins brutales, mais plus subtiles et plus dangereuses, qui vont s'attaquer aux sources même de la vie?

Certaines couches du grès vosgien, formées de grains grossiers, très-adhérents entre eux, fournissent d'excellentes pierres meulières qui sont devenues un objet d'exploitation fort avantageux.

Enfin c'est dans le sable accumulé en forme de talus au pied des montagnes de grès, que croissent les vins les plus estimés du pays. C'est, du reste, le seul genre de culture qui réussisse très-bien dans ce terrain, car, à part la riche ceinture de vignes qui borde ces montagnes, nous ne trouvons dans ce sol qu'une végétation assez pauvre et de beaucoup inférieure à celle qui couvre les montagnes du terrain de transition.

Le *grès bigarré* s'étend en forme de bande étroite et allongée dans le sens du N-O au S-E, le long du côté méridional du vallon de S¹. Gangolf, et de la base des couches de grès vosgien.

Ce grès se distingue du grès vosgien par la

finesse de son grain, par l'absence de cailloux roulés et par la grande quantité de fossiles qu'il renferme. Il doit son nom aux colorations diverses qu'il affecte : tantôt il est gris, tantôt jaune ou rouge, ce qui dépend, comme nous le savons, de la qualité du peroxide de fer qui entre dans sa composition; souvent il contient d'abondantes paillettes de mica qui lui donnent une structure schisteuse. L'épaisseur de ce grès n'est jamais aussi grande que celle du grès vosgien et on ne le rencontre pas, comme ce dernier, à des hauteurs considérables.

L'on y trouve une grande quantité de débris de plantes dont les unes ont été converties en une matière brune et comme ocreuse; le peroxide de fer a pris la place de la matière organique dont il ne reste plus de traces. Les végétaux ainsi transformés appartiennent surtout à la classe des dicotylédonés. D'autres fois c'est le grès lui-même qui semble avoir pris la place de la substance végétale, comme dans les calamites, prêles de proportions gigantesques dont les espèces sont disparues. Enfin il n'est pas rare de rencontrer dans cette roche des empreintes de conifères et de fougères. Les débris d'animaux y sont assez communs; ce sont surtout des coquilles appartenant à des espèces marines et qui, en général, ont perdu leur test. J'ai trouvé, dans le grès bigarré d'Osenbach, une dent ou défense en forme de cône, ayant 17 centimètres de hauteur et 5 centimètres et demi de diamètre à la base. Ce fragment est insuffisant pour reconstituer l'animal auquel il a dù appartenir; tout ce que l'on peut admettre, c'est que ç'a dù être un vertébré d'une taille colossale.

Le grès bigarré fournit la meilleure pierre de taille de nos environs; elle est facile à sculpter et se prète admirablement à la confection des ornements d'architecture; sa structure schisteuse permet de la tailler très-facilement en dalles; l'on en fait encore de bonnes meules à aiguiser.

Cette roche est fort peu exploitée dans notre canton. Je ne sais trop pourquoi nous allons chercher au loin des matériaux d'un transport difficile et dispendieux, quand nous en avons, pour ainsi dire, sous la main, de tout-à-fait semblables. Le succès d'une exploitation de ce grès, convenablement dirigée, est pour moi hors de doute.

Au point de vue de la culture et considéré comme sol, le grès bigarré possède, à peu de chose près, les mêmes qualités et les mêmes défauts que le grès vosgien. La vigne y réussit très bien; les vins bien connus de Bergholtz-Zell (*) et d'Orschwihr en font foi. Les pins couvrent la partie de ce terrain que son exposition rendrait peu fafavorable àla culture de la vigne.

(*) A une époque que je ne saurais préciser, un bien communal (l'Allmend) fut distribué aux habitants de Bergholtz-Zell, à la condition expresse de ne jamais planter dans ce terrain qu'une même sorte de ceps, (raisin-gentil du pays). La ponctualité avec laquelle cette condition a été exécutée n'a pas peu contribué à l'amélioration des produits dont l'excellence est consacrée par un dicton populaire qui nous est revenu :

Der Reichenweyrer und Bergholtzzeller
Die thun gut in unserem Keller.

Le *Muschelkalk*, seconde assise de l'étage du trias, tient une fort petite place dans notre canton. Je ne l'ai rencontré que sur la gauche du chemin de Guebwiller à Orschwihr, à peu de distance du Beltzbrunnen, dans le lieu nommé Haul. C'est un calcaire d'un gris-brun, comme enfumé, d'une texture très compacte. Il renferme une immense quantité de débris d'animaux fossiles et surtout de mollusques (c'est de là, du reste, que lui vient son nom). Les plus nombreuses de ces coquilles sont les *encrines*; on en trouve, pour ainsi dire dans chacun des fragments de cette roche; la plus remarquable est l'*ammonite*, grande coquille roulée en forme de turban. Il en existe une belle dans la paroi droite du Kalkgrublein (Haul); je l'ai respectée afin qu'elle puisse servir de spécimen aux personnes que le hazard ou la curiosité pourra conduire de ce côté.

Ce lambeau de Muschelkalk, collé sur le grès Vosgien et peut-être sur le grès bigarré, auquel il est au moins contigu dans la direction de Bergholtz-Zell, semble avoir été porté à la hauteur où nous le voyons, par ce mouvement de propulsion de bas en haut qui a détruit l'horizontalité de notre grès des Vosges, mouvement qui semble s'être continué à travers plusieurs périodes géologiques, et auquel se rattachent peut-être les dislocations du terrain jurassique de nos environs; il nous serait difficile, en tout cas, de les expliquer par un soulèvement d'un autre genre.

Le Muschelkalk existe encore, tout près de nous,

dans le canton de Soulzmatt, près du Bahnstein, dans la direction de Winzfelden, et à Jungholz, près du vieux château.

C'est une très-bonne pierre à chaux. On a eu tort d'abandonner l'exploitation du calcaire de la Haul; il vaut absolument autant que celui de Soultzmatt. Ce dernier a été exploité comme marbre ; l'idée manquait de bonheur; le marbre est bien du calcaire, mais tout calcaire n'est pas du marbre.

On comprend, sous la dénomination de *formation jurassique*, une série d'assises qui présentent entre elles de grandes différences, tant sous le rapport des éléments qui les composent, que sous le rapport des débris organiques qu'elles contiennent; mais comme jamais aucune de ces assises ne s'est montrée en discordance de stratification avec les autres, cette dissemblance n'a pas empêché de les réunir toutes en un seul étage et sous un même nom.

Le terrain jurassique couvre une bonne partie du territoire d'Orschwihr. Le Bollenberg en est presque entièrement composé, et en outre, la partie Ouest du vallon qui s'étend entre Orschwihr et Soultzmatt, vallon dont le Bollenberg forme le côté Est, est bordée par une bande de lias (l'étage inférieur de la formation jurassique), qui s'appuie directement sur le grès bigarré.

Le lias est représenté par des marnes bleuâtres qui doivent leur couleur à une petite quantité de matière bitumineuse. Elles contiennent un fossile caractéristique qui s'y trouve en très-grande abondance ; les habitants du pays le connaissent sous le nom vulgaire de *Judenzehe*, nom qui correspond, par l'une de ses parties du moins, à celui *de Gryphée arquée*, que les savants lui ont donné ; c'est que, en effet, cette coquille, renversée, ressemble beaucoup à une griffe. Elle est tellement commune dans les environs du Rehthal, du Niederpfingstberg et du Himmelreich, qu'un vigneron auquel je m'étais adressé dans le but d'obtenir quelques renseignements sur les environs et auquel je présentais une gryphée arquée que je venais de ramasser, en lui demandant si l'on trouvait ces objets bien loin à la ronde, et en grande quantité, me répondit: vous en faut-il beaucoup? Les désirez-vous par paniers ou par charretées? Il s'imaginait certainement qu'il s'agissait d'une exploitation d'un nouveau genre (*).

Le Bollenberg nous montre la roche type du terrain jurassique, l'oolithe ; c'est une roche calcaire, jaunâtre, formée, comme son nom l'indique, par une agglomération de globules qui ressemblent assez bien à des œufs de poisson. On la retrouve, sous des formes plus ou moins variées, dans les différents étages de la formation jurassique. L'étage auquel nous avons surtout affaire est celui de la grande oolithe. Les caractères inhérents à la roche elle-

_______________

(*) Je m'étais précisément adressé à un homme très-intelligent et cette réponse n'a rien qui doive surprendre. D'où saurait-il ce que c'est que le lias et même ce que c'est que la géologie?... Voilà pourquoi j'ai fait ce livre.

même et quelques fossiles que nous y avons rencontrés ne laissent aucun doute à cet égard (*).

M. J. Kœchlin a assigné le même rang au calcaire qui forme comme le noyau du Bollenberg, et il est arrivé à ce résultat par un procédé moins direct que le nôtre, mais qui est certainement très-ingénieux. Ne pouvant consacrer beaucoup de temps à la recherche des fossiles de l'oolithe du Bollenberg, fossiles qui sont réellement très-rares, cet habile observateur prit le parti de demander des renseignements aux roches voisines. « Dans la première vigne qui se présente droit à l'Est, à partir de la chapelle du Bollenberg, des fossés ouverts par des travaux de culture, ont mis à nu une marne jaune mêlée de fragments calcaires. » Il y rencontre les fossiles caractéristiques du Bradfortclay (Bathonien de M. A. d'Orbigny; calcaire roux sableux de M. Thurmann, calcaire à gryphée dilatée de M. Cordier)(**); or le Bradfortclay ne peut normalement reposer sur aucune roche oolithique, si ce n'est sur la grande oolithe, c'est là sa place dans la série; donc c'est la grande oolithe, la conclusion est forcée.

Outre la constatation de l'existence du Bradford, au-dessus de l'oolithe, M. J. Kœchlin nous a fourni des détails très-intéressants sur quelques particula-

---

(*) Cette longue synonymie que je reproduis à dessein, indique la nécessité d'un perfectionnement à introduire dans la géologie; je veux parler d'une nomenclature raisonnée et méthodique. Plus que tout autre, le langage de la science devrait être un langage universel et intelligible pour tous.

(**) Terebratula varians, Ter. inconstans ; Ter. intermédia ; Pecten arcuatus.

rités fort curieuses que présente l'agencement des couches du Bollenberg, ainsi qu'une coupe destinée à faciliter l'intelligence de ses démonstrations (nous avons eu soin de reproduire le dessin de cette coupe (Fig. 6).

«Dans le chemin creux qui monte au Bollenberg, dit M. J. Kœchlin, après avoir quitté le grand chemin de Bergholz à Orschwihr, on observe un conglomérat ayant plus ou moins de cohésion, qui, avec une épaisseur d'un mètre à un mètre et demi, recouvre le calcaire jurassique en place. C'est du terrain *tertiaire marin* ou *tongrien* désagrégé.«

«En quittant le chemin creux on voit affleurer partout les tranches du calcaire oolithique ; ce calcaire est recouvert sur la pente douce qui s'étend de ce point jusqu'à la chapelle, par une marne argileuse, rouge, ocreuse, qui le plus souvent n'a que quelques centimètres d'épaisseur. Cette marne est mélangée de débris un peu arrondis de calcaire, appartenant probablement au terrain sous-jacent et d'autres fragments, en nombre plus rare, en partie angulaires, en partie arrondis, ayant de 5 à 30 millimètres de diamètre, qui sont constitués par du fer oxidé hydraté. Ces fragments, d'après leur forme, peuvent être divisés en trois parts : 1° fragments à angles très-vifs, de formes très-irrégulières ; 2° fragments très-usés par le frottement ; 3° fragments arrondis naturellement en raison de leur structure mamelonnée.«

«Quelques-uns de ces fragments ont une surface

lisse et même luisante ; d'autres sont rugueux et couverts d'un enduit ocreux qui, en se mélangeant avec la marne, a communiqué à celle-ci sa couleur rouge."

"Parmi ces fragments, nous en avons trouvé deux qui appartiennent à l'ammonite spinatus (Brug) (c'est toujours M. J. Kœchlin qui parle); ils sont très-bien conservés et représentent deux variétés de cette espèce, semblables à celles que l'on rencontre dans les marnes du lias moyen à Lauw et à Wattwiller. Comme ces dernières, ces ammonites ont passé à l'état de fer oxidé hydraté et, quant aux caractères minéralogiques, elles sont identiques aux autres fragments ferrugineux. Il devient évident, d'après cela, que toute cette marne argileuse rouge appartient au lias moyen ou liasien de M. A. d'Orbigny."

Ici se présente une interversion frappante de l'ordre naturel des couches. Comment le lias a-t-il pu se déposer sur le calcaire oolithique? Une roche superposée à une roche plus récente qu'elle, c'est le renversement de toutes les règles admises ! Cette anomalie peut s'expliquer ainsi :

"Ce lias est sans aucun doute un terrain remanié qui est venu se déposer sur le calcaire oolithique, à-peu-près à la manière de nos alluvions. Le lieu d'origine des matériaux qui forment cette couche ne doit pas être très-éloigné du point qu'ils occupent maintenant, car les ammonites fragmentées qu'il contient ne sont presque pas usées. Mais, si les eaux ont charrié et amené ce petit dépôt du lieu où il était en place, pourquoi ne l'ont-elles pas plutôt déposé dans le fond de la vallée? A défaut d'explication plus rigoureuse, on peut supposer que cette pente du Bollenberg formait le rivage de quelque ancienne mer dont les vagues agitées ont pu détacher la marne dans le fond de la vallée et transporter jusque sur la pente douce du Bollenberg, les fragments qui ont pu résister à leur action délayante. »

Il se rattache au Bollenberg des idées de magie, de pratiques mystérieuses, qui ont plusieurs fois exercé l'imagination des savants; c'est le séjour obligé de toutes les sorcières de nos contes populaires. Il parait que, sous quelque point de vue que nous l'envisagions, cette montagne est destinée à se poser devant nous comme une perpétuelle énigme; c'est ce qui arrive du moins, au point de vue géologique. Nous avons déjà vu le lias accidentellement sorti de la place qui lui est assignée dans la série. Voici maintenant que, sur le plateau du Bollenberg, nous allons trouver de nombreux et grands blocs de grès vosgien dispersés sur le calcaire jurassique. Comment sont-ils arrivés là? La question est plus difficile à résoudre que pour le lias; certains de ces blocs sont tellement volumineux que l'on à peine à admettre qu'ils aient pu être charriés par les eaux. M. l'abbé Zimberlin, d'Orschwihr, qui s'est beaucoup occupé des antiquités de notre pays, pense que les masses de grès du Bollenberg y ont été transportées par la main des hommes, que ce sont des monuments druidiques, de vrais dolmens; ainsi s'expliqueraient à la fois l'anomalie géologique et les vagues idées de sorcellerie dont la tradition a enveloppé ces lieux. Cette idée me plairait assez et je regrette bien de n'être pas assez fort en archéologie pour pouvoir me faire une opinion arrêtée sur cette question.

Le terrain jurassique est composé de couches alternatives de calcaire compacte et d'oolithe proprement dite. Ce calcaire présente souvent une structure à demi-cristallisée; sa couleur varie du jaune au brun; sa cassure présente presque toujours une marque en forme de hile qui se produit au point le plus rapproché de la partie de la surface de la pierre sur laquelle s'est portée l'action du marteau.

Ces roches sont très-altérables à l'air et, pour bien connaître les particularités de leur structure, il faut ordinairement avoir soin de prendre les échantillons sur la roche vive.

La stratification de ce terrain a déjà été pour nous l'occasion de quelques remarques. Nous avons parlé de la direction et de l'inclinaison de ses couches; celles-ci ont été mises à la place où nous les voyons par une cause analogue à celle qui a relevé le grès vosgien, et il nous semble probable que la tranche *a* du terrain jurassique, (Fig. 9,) qui nous montre ses strates relevées, au bord du chemin de Bergholtz à Orschwihr, a dû correspondre autrefois, à une époque où ces strates étaient horizontales, à la tranche *b* qui termine les couches directement adossées au grès et qui, situées à un niveau bien plus bas, sont recouvertes maintenant par le terrain d'alluvion. Le vallon d'Orschwihr devrait donc son origine à la formation d'une de ces failles si fréquentes dans le terrain jurassique.

Les fossiles se rencontrent en grand nombre dans ce terrain; j'ai déjà donné les raisons pour lesquelles je ne m'arrête pas sur ce point. Je renvoie à l'ouvrage de M. Daubrée pour leur énumération complète, et je mets ma collection à la disposition des personnes qui désireraient connaître les principales espèces caractéristiques.

Ce terrain fournit de la pierre à chaux, et dans les cantons voisins on l'exploite très-activement comme pierre à bâtir. La végétation n'y est pas des plus riches, témoin le dos pelé du Bollenberg.

Les éminences qui se trouvent à l'Est du chemin qui conduit de Guebwiller à Orschwihr, à travers les vignes, sont constituées par une roche différente de celles que nous avons décrites jusqu'à présent; c'est le *tertiaire marin supérieur*, (tongrien de M. d'Orbigny). Ce terrain occupe une surface triangulaire limitée d'un côté par le chemin que nous venons de nommer, et de l'autre, par le chemin qui longe le pied des collines, depuis le cimetière de Guebwiller jusqu'à Bergholz et de ce dernier village à Bergholz-Zell. Cependant le sommet de l'angle méridional du triangle en question (le Særing), appartient au grès vosgien; le tertiaire ne commence qu'au Ziegel-Weingarten.

Dans le chemin dit Særingweg, on rencontre de nombreux fragments de roches de diverses espèces dont la plupart nous sont connues : grauwacke, grès de diverses espèces, calcaire oolithique, muschelkalk· Dans la profondeur du sol, ces pierres de nature si diverse sont soudées entre elles et forment un poudingue à éléments très grossiers, quelquefois monstrueux, comme celui que l'on voit dans le Schutzleweg, à l'entrée de Soultz. Dans cet endroit, cette roche se présente sous un aspect très remarquable ; la plupart des formations antérieures, depuis la plus ancienne jusqu'aux terrains tertiaires, y sont représentées par des échantillons de grosseur variable et dont quelques-uns présentent un volume équivalent à plus d'un demi mètre cube. C'est un véritable musée dans lequel les différentes roches des environs semblent s'être donné rendez-vous, et dans lequel il serait facile de faire, sans se déplacer beaucoup, une collection de toutes les espèces principales que nous avons nommées jusqu'à présent.

Notre tertiaire est moins bien caractérisé que celui de Soultz ; il faut un peu le deviner, car au premier aspect on croirait plutôt avoir affaire à de l'alluvion qu'à un membre de l'étage tertiaire ; Voltz, entre autres, l'a marqué comme alluvion ancienne sur sa carte géologique du Haut-Rhin ; mais M. J. Kœchlin, qu'il nous faut bien citer à chaque pas, a reconnu, dans ce prétendu sol alluvial, les éléments désagrégés du terrain tertiaire et la découverte de quelques fossiles caractéristiques de l'étage a confirmé l'exactitude de cette manière de voir.

Un lambeau de ce même terrain, non désagrégé, s'appuie sur la pente orientale du Bollenberg ; on le rencontre, au bout de quelques pas, lorsqu'on monte directement de Bergholtz à la chapelle.

La composition de notre terrain tertiaire nous donne l'explication d'un fait bien connu des gens du pays, mais dont la cause a probablement dû échapper à beaucoup d'entre eux. Les jardins de Soultz et surtout ceux du Wolfhaag, près de l'hôpital, passent à juste titre pour les meilleurs de nos environs. La cause de l'excellente qualité de cette terre réside, je crois, en ce que celle-ci provient **de la désagrégation** de la colline voisine et que, dans cette colline, sont accumulés pêle-mêle, les schistes argileux, les roches arénacées, les roches calcaires, c'est-à-dire, tous les éléments nécessaires pour constituer, par leur mélange et avec l'addition de l'humus, une bonne terre de jardin.

Nous pourrions en dire autant des jardins qui entourent Bergholtz-Zell et Orschwihr ; ils ne le cèdent guère à ceux de Soultz et doivent leur fertilité à des circonstances identiques ou analogues.

Il n'est pas nécessaire de tracer les limites du *terrain d'alluvion* ; on les déterminera facilement par voie d'exclusion. Il s'étend sur toute la partie de la surface du canton qui n'est pas recouverte par les terrains précédemment décrits. Il occupe, par conséquent, la partie la plus basse des vallées et la plaine qui s'étend du côté d'Issenheim et de Gundolsheim.

Nous connaissons déjà la distinction qu'il faut établir entre les alluvions anciennes et les alluvions modernes.

Chacun de nos ruisseaux forme, d'une manière continue, des atterrissements qui tendent à exhausser les plaines et à combler les vallées, au détriment des montagnes qui perdent peu à peu de leur hauteur. Cette action est lente, presque insensible, mais, rigoureusement parlant, elle existe et produit ses effets sans interruption, à toute heure, au moment même où nous parlons, et l'on pourrait presque dire qu'un jour viendra, dans la suite des temps, où, les forces internes qui tendent à modifier la configuration extérieure du globe étant assoupies, celui-ci aura pris la forme d'un sphéroïde à surface unie, sans montagnes ni vallées, sur lequel les eaux seront uniformément réparties; de façon que l'asphyxie par submersion pourrait bien être la fin que l'avenir réserverait au genre humain. Cette idée pourra paraître bizarre mais elle ne répugne certainement pas à la raison. Heureusement, cet état futur des choses est fort éloigné de nous, et c'est dans ce cas seulement qu'il nous semble permis, sans risquer d'être taxés d'égoïsme, de nous servir de la vieille locution : après nous le déluge.

Mais j'ai peur d'avoir provoqué le rire à propos de choses fort sérieuses; revenons aux alluvions.

Il est évident que les cours d'eau actuels, avec la puissance que nous leur connaissons, n'ont pu suffire au charroi de toutes les matières meubles qui s'étalent dans les parties basses de nos terres. L'on peut bien comprendre que la rivière de Rimbach, la Lauch et ses affluents aient pu, dans leurs divagations, combler les dépressions qui se trouvaient dans le voisinage de leur lit actuel, et encore trouve-t-on au milieu des terrains qui ont évidemment été formés de la sorte, des blocs de pierre dont la masse n'est pas en rapport avec la force de transport que nous pouvons accorder à ces cours d'eau. Mais ces causes ne suffisent pas pour expliquer l'origine de ces immenses amas de terrain de transport qui se trouvent répandus dans la portion de plaine qui se relie à notre canton et dans une grande partie de la plaine du Rhin. Pour comprendre leur formation, nous sommes forcés d'admettre une cause plus générale, un déluge qui a répandu ces matériaux sur des points que n'atteint plus le niveau des eaux actuelles. Sans parler des nombreuses hypothèses que l'on a faites sur ce sujet, nous pouvons dire, dans tous les cas, que ni la Lauch, ni le ruisseau d'Orschwihr n'ont pu donner lieu à la formation du terrain plat qui s'étend à la base des collines tertiaires, entre la route de Guebwiller à Issenheim et le village de Bergholtz, et que ce sont là, bien certainement, des alluvions anciennes.

Mais, dans les limites mêmes de la sphère d'action des agents alluviaux modernes, on rencontre des accidents géologiques d'un aspect tout spécial et qui deviendraient inintelligibles pour nous si, pour les expliquer, nous en étions réduits à n'invoquer

que la seule intervention des agents mécaniques
ordinaires; je veux parler de ces accumulations de
terre, de gravier et de cailloux anguleux de diverses
grandeurs, qui, en certains points, barrent incomplète-
ment nos vallées, ou bien encore, de ces blocs de
pierre qui ont évidemment été dépaysés et dont les
dimensions sont telles, qu'il répugne à notre esprit
d'admettre qu'ils aient pu être transportés à leur
place actuelle par les faibles ruisseaux qui serpentent
dans leur voisinage.

Ces faits avaient depuis longtemps attiré l'attention
des géologues; plusieurs hypothèses, très-peu satisfaisantes pour la plupart, avaient été émises pour
expliquer leur origine, lorsque le bon sens d'un
homme du peuple vint mettre les savants sur la
voie d'une solution raisonnable de ce problème.
«Au mois d'août 1815, un géologue revenait d'une
longue excursion sur les glaciers qui occupent le
fond de la vallée de Lourtier, vallée latérale à
celle qui mène au couvent du Grand-St.-Bernard.
Désirant se rendre le jour suivant à l'hospice par
un col difficile et peu connu, il passa la nuit dans
la cabane d'un chasseur de chamois appelé Jean-
Pierre Perraudin, qui devait lui servir de guide le
lendemain. Assis devant le foyer où brûlaient des
touffes de Rhododendron, dont la fumée odorante
s'échappait par le haut du toit, le géologue et le
montagnard parlaient des hautes régions qu'ils avaient
l'un et l'autre si souvent parcourues. Puis la con-
versation vint à tomber sur les gros blocs de granite

qu'on trouve souvent à une grande distance des roches d'où ils ont été détachés. Le géologue expliquait longuement au montagnard comment les savants avaient démontré à l'aide de profonds calculs, que ces blocs erratiques ont été transportés jadis par de grands courants d'eau. A tout cela Jean Perraudin ne pouvait répondre, mais il hochait la tête d'un air de doute et d'incrédulité : « m'est avis, dit-il enfin, que les glaciers de nos Alpes étaient jadis bien plus étendus qu'ils ne le sont actuellement. Toute notre vallée, jusqu'à une grande hauteur au-dessus du torrent de la Drance, a été remplie par un vaste glacier qui descendait jusqu'à Martigny, comme le prouvent les blocs de roches qu'on trouve dans les environs de cette ville, et qui sont trop gros pour que l'eau ait pu les y amener. » En parlant ainsi, Perraudin ne se doutait guère avoir fait une grande découverte. (*)

Les glaciers sont des fleuves de neige d'abord fondue, puis partiellement congelée et ramassée en fragments mobiles les uns sur les autres nommés *névé*; ils prennent leur source dans les neiges éternelles, leur limite inférieure est commandée par la température moyenne annuelle du lieu.

On comprend très-bien que, à une époque où les glaciers encore existants étaient infiniment plus

(*) Recherches sur la période glaciaire et l'ancienne extension des glaciers du Mont-Blanc depuis les Alpes jusqu'au Jura, par Ch. Martins; Revue des Deux-Mondes, 1 mars 1847.

étendus qu'ils ne le sont aujourd'hui, il ait pu exister
des neiges éternelles et des glaciers dans des régions
où l'on n'observe plus de phénomènes de ce genre. C'est,
en effet, ce qui est arrivé dans les Vosges. M. Collomb
a démontré, d'un manière péremptoire, l'existence
d'anciens glaciers dans nos montagnes; ses observations ont surtout porté sur les souvenirs que la
période glaciaire a laissés dans la vallée de St.-
Amarin.

Cependant, cet observateur a donné en passant un
coup d'œil à notre vallée, et a signalé les blocs erratiques et les principales moraines qui s'y trouvent. Je ne
saurais trop recommander à mes concitoyens la lecture
de ce remarquable travail; il est d'autant plus intéressant pour nous, que l'auteur, tout en nous traçant
la voie, nous a laissé quelque chose à glaner, et
celui—là nous donnerait un fort joli travail, qui,
prenant M. Collomb pour guide, ferait pour nos
vallées ce que ce géologue a fait pour la vallée
voisine.

Je reproduis sur ma carte les particularités relatives aux anciens glaciers de notre vallée qui ont
été signalées par M. Collomb; ce sont des blocs erratiques assez nombreux et les trois moraines du grand
Soultzbach, de Linthal et du Seebach; celle—ci se
trouve au confluent du Seebach et de la Lauch;
elle est facile à reconnaître, le chemin du Lauchen
la traverse en plein. Je pense que c'est à cette
moraine que s'applique la description suivante : «cette
moraine est modèle par sa forme; elle a une res-

semblance frappante avec les petites moraines anciennes qu'on remarque à quelques centaines de mètres de distance du glacier actuel du Rhône. Les matériaux en sont menus, il n'y a que des blocs de moyenne grandeur; les uns sont arrondis, d'autres à angles vifs. Cette moraine est caractéristique, en ce que, dans une coupe transversale où l'on a puisé des matériaux pour la route, on remarque un grand nombre de vides, de creux, provenant de la manière dont ces pierres ont été superposées les unes aux autres pendant l'époque de leur dépôt.»

«En voyant de près ces petites cavités, on trouve qu'elles sont identiques à celles qui se forment de nos jours dans les moraines des glaciers en activité; on demeure également convaincu que les eaux courantes ne sont point intervenues dans le mode de tassement de ces pierres.» (*)

Il existe encore une accumulation de débris glaciaires à l'entrée du Geffenthal, au bas de la maison forestière de Lautenbach-Zell.

Je n'ai point trouvé de traces d'anciens glaciers dans le vallon de Murbach, à moins que l'on ne veuille regarder comme telles, certaines parties de la digue de l'ancien étang. Il m'a toujours semblé que cette digue qui barre la vallée, n'a pas été tout entière construite de main d'homme, et que les moines de Murbach, ayant trouvé l'étang presque tout fait,

(*) Preuves de l'existence d'anciens glaciers dans les vallées des Vosges, par Edouard Collomb. Paris 1847.

n'avaient eu, pour l'achever, qu'à compléter le travail de la nature. La partie naturelle de cette digue est-elle constituée par une moraine? La structure intérieure de ces buttes, (structure que l'on peut bien observer dans le chemin creux de Bühl à Murbach,) et la présence d'un grand bloc de granite non loin de là, près de l'ancienne glaisière de Bühl, pourraient donner quelque vraisemblance à cette idée que je n'émets, du reste, que sous forme de question.

Dans le vallon de Rimbach, je ne vois guère que la pente qui se trouve par le travers de Rimbach-Zell, près de la filature, qui, par sa disposition, puisse rappeller un peu les phénomènes glaciaires; je prends pour des blocs erratiques les masses de rocher qui proéminent dans les prés, en aval de la fabrique.

Mais laissons cette digression, que je ne crois pas superflue, pour terminer ce que nous avons à dire sur les alluvions.

Au début de notre travail, nous avons parlé de la *stratification* du terrain d'alluvion; il nous faut bien avouer que, pour rendre plus claires nos démonstrations préliminaires, nous avons un peu étendu l'acception de ce mot. L'alluvion n'est pas, à vrai dire, un terrain stratifié comme le sont le grès vosgien, le terrain de transition, etc.; cependant elle est souvent disposée en couches superposées de gravier et de cailloux, au milieu desquelles s'étendent, sur certains points, des couches d'argile plus ou moins épaisses.

La présence de couches semblables dans le sous-sol d'une localité est une circonstance qui intéresse au plus haut point l'hygiène, et la partie la plus superficielle de l'alluvion constitue le sol producteur par excellence ; c'est, à proprement dire, la grande fabrique de substance alimentaire. Il importe donc de connaître la composition de cette couche et ses rapports avec les couches sous-jacentes, car, à ces notions se rattachent les questions les plus importantes de l'agriculture et de l'hygiène : l'aptitude du sol pour telle ou telle culture, les amendements, les conditions de sécheresse ou d'humidité, conditions qui dépendent de plus ou moins de perméabilité du sous-sol ; les desséchements etc. etc.

La plus grande partie de notre terrain d'alluvion, est couverte de prés et de champs dont la qualité ne laisse, en général, que fort peu à désirer. Il en est cependant dont le sous-sol est précisément formé par cette couche d'argile dont nous venons de parler, et qui, pour cette raison, sont très-humides, circonstance défavorable au double point de vue de la fertilité du terrain et de la salubrité publique ; tels sont les prés qui s'étendent entre Bühl et Lautenbach. Ne serait-ce pas le cas d'appliquer à leur amélioration le procédé du drainage, qui, entre des mains intelligentes, a déjà produit de si beaux résultats dans d'autres pays ?

Le niveau moyen des eaux souterraines est en général assez élevé dans notre sol ; ses variations sous l'influence de la sécheresse et de l'humidité excessives sont très-considérables; j'ai vu le niveau de l'eau de certains puits osciller entre 4$^m$ 50$^c$ et 7$^m$ 63$^c$. Quand l'eau des puits est à son maximum d'élévation, la plupart des caves de Guebwiller sont inondées; c'est à la fois incommode et insalubre. On parerait à cet inconvénient par un système d'égouts convenablement disposés.

L'eau de nos puits est en général très-crue, chargée d'une grande quantité de sels calcaires. Elle est peu propre à la plupart des usages domestiques; il faut éviter, autant que possible, de l'employer comme boisson ou même pour la préparation des aliments. En parlant du grès vosgien nous avons indiqué les moyens de la remplacer par une eau dont les qualités sont irréprochables.

# V

Dans l'une des plus magnifiques épopées qui soient jamais sorties de la plume d'un savant (les vrais savants sont tous de grands poètes), dans le Cosmos de M. A. de Humboldt, vous pourrez voir quelle est la véritable place que nous occupons dans l'univers.

« Si nous comparons l'espace universel à une mer
« parsemée d'étoiles, nous pourrons nous représenter
« la matière cosmique, comme distribuée en groupes
« dont les uns sont constitués par des nébuleuses non
« résolubles, plus ou moins anciennes, condensées
« autour d'un ou de plusieurs noyaux, les autres,
« par de la matière cosmique déjà réunie en amas
« d'étoiles et en sporades isolées.

« L'amas d'étoiles dont nous faisons partie et que

« l'on pourrait appeler une île de l'univers, forme
« une couche aplatie, lenticulaire, isolée de toutes
« parts, dont le grand axe est estimé à sept ou huit
« cents fois la distance de Sirius à la terre, et le
« petit axe, à cent cinquante fois la même dis-
« tance. » (*)

Remarquons que la lumière emploie trois années
pour parcourir l'espace qui nous sépare de Sirius
et que la vitesse de la lumière est d'environ 70,000
lieues par seconde.

« Cette lame lenticulaire assez mince qui est formée
« par notre amas d'étoiles, se partage en deux branches
« dans le tiers de son étendue. On pense que le
« système solaire est placé dans le voisinage du
« point où s'opère cette bifurcation, plus près de Sirius
« que de la constellation de l'Aigle, et à peu près au
« milieu de la couche mesurée dans le sens de son
« épaisseur ou de son petit axe. »

Ce que nous appelons voie lactée, n'est autre chose
que cette nébuleuse lenticulaire vue, pour ainsi dire,
à l'intérieur et dans le sens de son plus grand diamètre.

Le système solaire n'est donc qu'une partie de la
voie lactée; il a été formé aux dépens d'un lambeau
de cet immense amas du matière cosmique. Des
millions de centres d'attraction existent au sein de

(*) Al. von Humboldt. Kosmos, Entwurf einer physischen Weltbeschreibung.
.T 1. p. 92.

ce lambeau, et le soleil a été formé par les couches successivement condensées autour de l'un de ces centres ; c'est ainsi que l'on voit de temps en temps apparaître des étoiles nouvelles au milieu des nébulosités. (*)

C'est réellement peu de chose que notre soleil avec ses planètes satellites au nombre desquels nous sommes humblement forcés de compter le globe que nous habitons, quand nous comparons les dimensions de ce système à ces huit cents distances de Sirius à la terre, et que l'on pense que le volume de ce même Sirius est tel, que si le centre de cette étoile correspondait au centre du soleil, son rayon traverserait la terre et s'étendrait au-delà de celle-ci d'une quantité égale à la moitié de la distance de la terre au soleil.

La limite de la matière cosmique est le point où la force centrifuge est égale à la pesanteur. L'atmosphère cosmique du soleil s'étendait primitivement au-delà de l'orbite du plus éloigné de ses satellites. Au sein de cette atmosphère, il se forma des centres d'attraction, des noyaux de condensation secondaires, et c'est ainsi que chaque planète fut formée d'un lambeau du soleil, comme le système solaire lui-même avait été formé d'un lambeau de la voie lactée.

Nous voici donc arrivés à la formation de la terre

(*) Pour cette théorie sur l'origine et le mode de formation du système solaire, voir Laplace, Exposition du système du monde.

dont l'histoire nous occupera désormais exclusivement (et l'on ne nous accusera certes pas de ne pas prendre notre histoire d'assez haut).

Ce lambeau de matière vaporeuse qui nous représente assez bien le chaos des anciens, par suite du rayonnement continu et de l'affaiblissement graduel de sa température, s'est d'abord liquifié; puis la surface de cette masse en fusion allant toujours en se refroidissant, ses éléments se réunirent suivant les lois des affinités chimiques; ainsi se forma la première enveloppe solide de la terre. Les géologues ne sont pas bien d'accord sur la détermination des roches qui constituèrent cette première enveloppe; on a cru long-temps que ce furent des gneiss, des micaschistes; mais aujourd'hui ces roches sont généralement considérées comme métamorphiques, et l'on admet que le vieux granite sert de base à toutes les autres formations.

Cette couche solide ne s'est pas formée d'une seule pièce. Il y a eu de nombreuses fractures, et les fragments flottant sur ce *bain terrestre*, se déplaçant, se soudant de nouveau entre eux, ont formé les premières inégalités de la surface du globe.

Cette masse fluide était soumise à l'influence des marées, ce qui devait puissamment contribuer à disloquer sa fragile enveloppe. Les réactions chimiques qui se sont opérées entre les différentes parties des couches récemment solidifiées, ont dû occasionner des dégagements considérables de gaz et de calorique, phénomènes partiels, tout-à-fait locaux, mais qui se sont reproduits avec assez de fréquence, et ont profondément modifié la position et la structure intime de l'écorce terrestre.

Enfin, par l'effet de la pression des couches solides sur le bain liquide, celui-ci a été poussé à travers les interstices des fragments et est venu s'étaler à la surface de la terre. Les développements dans lesquels nous avons déjà eu occasion d'entrer, nous dispensent de nous appesantir sur ce sujet.

Tant que l'écorce terrestre fut douée d'une température très-élevée, toute la masse d'eau actuellement répandue à la surface de la terre resta suspendue dans l'atmosphère, à l'état de vapeur. Mais quand la terre fut refroidie au point de permettre à la vapeur d'eau de se condenser, la terre fut inondée par d'épouvantables averses et cette énorme masse d'eau réunie en torrents, se précipita vers les points les plus déclives, sillonnant le sol de profonds ravins, arrachant et broyant des parties de roches anciennes qui se trouvaient sur son passage, charriant ces débris et les roulant dans tous les sens, jusqu'à ce qu'elle eut trouvé l'équilibre dans le bassin des premières mers du globe.

C'est alors que s'effectua le dépôt des gneiss, des micaschistes et des schistes talqueux qui constituent les terrains neptuniens primaires des géologues modernes.

Les éléments du granite primitif, dissociés par l'action à la fois mécanique et chimique de l'eau, formèrent au fond de la mer des couches, d'abord meubles, auxquelles l'action du feu intérieur, plus intense alors qu'aujourd'hui, vint donner la cohésion et les autres qualités d'une vraie roche.

Dans le gneiss on reconnaît parfaitement les trois éléments du granite, mais on voit que ces éléments ont été remaniés, que la roche a été détruite, puis régénérée ; c'est un véritable terrain métamorphique.

Dans le micaschiste, nous ne retrouvons que deux des éléments du granite (quartz et mica), et enfin, le schiste argileux a tout-à-fait l'apparence terreuse ; ces trois roches se divisent en lames et sont stratifiées comme la plupart des roches de sédiment.

Au-dessus de ce terrain est venu se placer le terrain cambrien qui a encore exhaussé le fond de la mer.

Celle-ci couvrait une grande partie de la surface du globe ; l'Alsace, qui était alors submergée, a conservé en plusieurs points des traces de cette phase de son existence.

Il n'y avait hors de l'eau que quelques portions de l'Angleterre ; en France, une partie des côtes de la Bretagne et de la Normandie, les plateaux supérieurs de l'Auvergne et du Limousin ; les terrains compris entre Toulon et Inspruck ; Dresde, Ratisbonne, Cracovie etc.

C'est dans le terrain Cambrien que l'on voit se développer les premiers rudiments de la végétation. Le climat était alors tout-à-fait maritime ; la température, plus élevée qu'aujourd'hui et sujette à moins de variations, était favorable à l'accroissement des grands végétaux analogues à ceux qui croissent de nos jours. sous la zone torride ; c'est aux dépens de ces végétaux que se formèrent les couches d'anthracite des terrains dévoniens.

C'est pendant cette longue période qu'eurent lieu les trois soulèvements que M. Elie de Beaumont a désignés sous les noms de système de la Vendée, système du Finistère et système de Longmind.

Le plus ancien des évènements de ce genre dont notre pays ait été le théâtre, semble aussi se rattacher à cette époque. C'est ce ridement dont parle M. Elie de Beaumont, "ridement très général dans lequel "les Vosges et la Forêt-Noire ont été comprises et "qui avait affecté tous les terrains anciens d'une "grande partie de l'Europe et leur avait imprimé "eette direction vers l'E. 20° à 40° N. signalée dans "les gneiss, les schistes et autres roches anciennes "dont les bandes juxtaposées constituent le sol fonda- "mental des Vosges. "

Les traces de ces premiers tressaillements d'un monde qui commençait à se consolider, conservées intactes dans certains pays, ont à-peu-près complètement disparu dans le notre ; elles ont été recouvertes par les terrains de sédiment ou effacées par des soulèvements postérieurs.

Ces mouvements de la croûte terrestre avaient fait surgir du sein des eaux des portions de terre précédemment inondées et avaient au contraire submergé une partie des iles et des continents d'alors. Cette nouvelle mer ou, si l'on veut, la masse des eaux contenues dans ces nouveaux rivages, déposa les schistes et les roches calcaires dont l'ensemble constitue notre terrain de transition.

Cette mer n'était pas moins étendue que celles qui l'avaient précédée. Les grands dépôts de terrain de transition qui couvrent une partie de l'Alsace attestent son long séjour dans ce pays.

Quelques rares îles, formées par les terrains plus anciens, perçaient çà et là cette vaste étendue d'eau, et ces îles devaient être nues et arides, car c'est à peine si nous trouvons quelques débris végétaux dans les terrains qui ont été déposés par la mer qui les entourait.

Au contraire, le règne animal, dont les premières traces se trouvent déjà dans le terrain cambrien, prend ici un développement remarquable. La faune de cette période est très-riche; c'est alors que vivaient les productus, les encrines, les trilobites etc., dont nous avons déjà parlé.

Le soulèvement du Hundsruck et du Westmoreland marque l'intervalle qui sépare le dépôt silurien du dépôt devonien. Ce dernier, principalement composé de schistes et de grès, recouvre, en beaucoup de points, le terrain silurien; il contient les plus anciennes couches de matières charbonneuses, l'anthracite que l'on exploite avec avantage dans certains pays.

Les fossiles de ce terrain sont peu nombreux, mais le développement de la vie y est marqué par l'apparition d'animaux pourvus d'organes plus compliqués et plus parfaits que ceux qui avaient vécu jusqu'alors;

à côté des polypiers et des mollusques analogues à ceux des terrains précédents, l'on trouve déjà l'empreinte d'un véritable poisson.

Mais ici tout change ; notre pays qui, pendant les premières périodes géologiques, avait présenté l'aspect d'une vaste plaine couverte par les eaux, se relève par une espèce de boursoufflement dont l'action retentit sur une très-grande étendue de terrain. Il se forma ainsi une montagne en forme de dôme, dont le point culminant se trouvait verticalement au-dessus de ce qui est aujourd'hui la plaine du Rhin, et dont les versants, restés seuls intacts, étaient constitués, d'un côté par le versant occidental des Vosges, et de l'autre par le versant oriental de la Forêt-Noire. Je ne puis resister au désir de reproduire la page inspirée par ce sujet à M. Elie de Beaumont, page souvent citée par les auteurs et qui peut être considérée, à juste titre, comme l'une des plus éloquentes de son livre : «Pour voir à la fois avec un égal développement «les Vosges et la Forêt-Noire, il faut monter par un «temps serein sur une des hautes cimes du Jura, pla-«cées dans le prolongement méridional de la plaine du «Rhin. Me trouvant le 28 Juillet 1836, au lever du «soleil, par un ciel sans nuages, sur la cime du «Ræthi Fluhe, au dessus de Soleure, je détournai «un instant mes regards du spectacle si attachant «que m'offraient les Alpes et leurs magnifiques gla-«ciers, pour considérer les lignes moins hardies «de la partie septentrionale de l'horizon. Les Vosges «présentaient alors les pentes abruptes de leur

«flanc S. E. par-dessus les crêtes successives du
«Jura et la plaine de Belfort, et je remarquais en
«même temps la terminaison escarpée qu'elles offrent
«en se prolongeant vers le Nord, le long de la plaine
«du Rhin. Je suivais de l'œil leur bord oriental
«jusqu'à la montagne de Sainte Odile. Je distinguais
«aussi très-nettement le profil de la Forêt-Noire.
«L'horizon de la Souabe s'élevait doucement vers ce
«large massif qui ne se découpait un tant soit peu que
«vers le Belchen, presque sur le bord de la plaine du
«Rhin. Le Feldberg se détachait à peine de la ligne gé-
«nérale. La chûte rapide du Blauen vers la vallée du
«Rhin était très-sensible. Mes regards s'étendaient sur
«cette plaine unie, du milieu de laquelle je voyais sur-
«gir le petit groupe isolé du Kayserstuhl, semblable
«à une taupinière dans le fond d'une large fossé.
«L'imagination se représentait aisément cette plaine,
«remplacée par des masses aussi élevées que les
«Vosges et la Forêt-Noire entre lesquelles elle s'étend,
«formant de ces deux groupes une seule proéminence
«légèrement bombée, dont la voûte extrêmement sur-
«baissée s'inclinait légèrement, d'un côté, vers la
«Lorraine, et de l'autre, vers le Wurtemberg. Il
«semblait qu'il ne manquait que la clef de cette voûte
«qui se serait un jour abîmée pour donner nais-
«sance à la plaine du Rhin flanquée de part et
«d'autre par ses culées restées en place, de manière
«à former sur ses flancs deux escarpements ruineux
«en regard l'un de l'autre.»

Les Vosges et la Forêt-Noire ne formaient donc

autrefois qu'une même montagne. Cette arche trop
hardie, jetée de la Lorraine au Wurtemberg par-dessus
l'Alsace actuelle, s'écroula un jour et il se forma,
entre les deux parties restées debout, un immense
hiatus au fond duquel étaient amoncelés pêle-mêle
les débris de cette voûte brisée et dans lequel les
eaux de la mer ne tardèrent pas à se précipiter.

Reportons-nous par la pensée vers ces âges reculés; essayons, s'il est possible, de restituer les monuments géologiques de notre pays et de nous représenter celui-ci tel qu'il devait être à la suite de cette
catastrophe.

Le terrain de transition des Vosges constituait
une île montueuse, de forme irrégulièrement triangulaire, dont les angles correspondaient aux trois
points ou se trouvent maintenant Schirmeck, Plombières et Massevaux.

La surface de cette île présentait une inclinaison
très-marquée de l'E. à l'O. Sa côte occidentale, celle
qui est marquée par la ligne allant de Schirmeck à
Plombières, était peu escarpée et ne s'élevait qu'à
une faible hauteur au-dessus du niveau de l'eau,
tandis que la côte orientale formait une falaise haute
et abrupte et dominait au loin la mer ou le détroit
qui occupait alors l'emplacement de notre plaine
d'Alsace.

Notre contrée faisait partie de la rive orientale de
cette île, mais elle était loin d'avoir l'aspect que
nous lui connaissons. Les montagnes de grès, les
collines jurrassiques, tout ce qui se trouve compris

dans la concavité d'une ligne tirée de Soultzmatt à Guebwiller, en passant par le Bahnstein, St.-Gangolf et Schweighausen, n'existait pas à cette époque; par conséquent la vallée de Guebwiller proprement dite, n'existait pas non plus. Il n'y avait que les trois vallées de Rimbach, de Lautenbach et de Murbach; ces deux dernières s'ouvraient l'une à côté de l'autre sur la plaine, qui se trouvait alors reportée jusqu'au niveau de Bühl et de Schweighausen. Il devient surtout facile de se figurer ce qu'était alors notre vallée et de retrancher du paysage les parties qui devaient alors ne pas exister, lorsqu'on regarde nos montagnes d'un point un peu éloigné, des environs de Réguisheim ou d'Ensisheim par exemple. Vue de ce point, la montagne de grès qui s'étend entre Guebwiller et Soultzmatt ne vous apparaît plus que comme une partie accessoire, une espèce de bastion élevé après coup, en avant du rempart formé par la ligne des hautes montagnes qui s'élèvent sur le dernier plan.

Après le soulèvement des Ballons, le règne végétal prit un développement extraordinaire. La terre se refroidissait; la vapeur d'eau se condensait; des pluies torrentielles entraînaient les végétaux et les accumulaient aux embouchures des fleuves, dans les lacs, sur les côtes de la mer. Outre cela, des forêts tout entières s'abîmaient sur place, par suite de changements survenus dans le niveau des eaux (*); les

___

(*) On trouve des forêts sous-marines semblables sur la côte de Bretagne, dans les environs de Morlaix.

végétaux enfouis par ces différentes causes , se dé-
composant, se carbonisant à l'abri de l'air , pro-
duisirent la houille, le grand moteur de l'industrie
moderne. La tourbe se produit d'une manière analogue, mais dans des conditions de température et
de pression différentes, La terre était alors couverte
d'une atmosphère de vapeur d'eau extrêmement dense
qui régularisait la température et la répartissait d'une
manière égale sur toute sa surface, de telle sorte
que les plantes tropicales, les lycopodiacées, les
fougères arborescentes que l'on trouve dans les dépôts houillers, ont pu vivre aux pôles comme sous
l'équateur.

Immédiatement après le soulèvement des Ballons,
une immense quantité de sources thermales chargées
de bicarbonate de chaux vint se faire jour à la
surface du sol. Ce sel s'est décomposé, il s'est
formé de grands dépôts de calcaire, tandis que l'air
se remplissait d'acide carbonique (*). L'atmosphère
de cette époque réunissait donc au plus haut degré
les qualités les plus favorables au développement
des végétaux, à savoir: la chaleur, l'humidité et
l'acide carbonique. La faune de la période houillère
est au contraire très-bornée; cela provient peut-
être de ce que cette composition de l'air, si favorable au végétal, est précisément très-nuisible pour

______

(*) Je trouve cette idée, que je ne donne que comme une hypothèse ingé-
nieuse, dans des notes recueillies au cours professé par M. Becquerel au
muséum d'histoire naturelle, en janvier 1847.

les animaux ; on sait qu'ils périssent dans l'acide carbonique.

La mer houillère a baigné le pied de nos montagnes et nous a laissé les grès et les nombreux végétaux fossiles du Bruderhaus. En général, le terrain houiller est peu développé dans les Vosges. On le trouve : "1° dans le fond du bassin de Villé, où "on le voit paraître au-dessous du grès rouge et "du grès des Vosges ; à Villé, à Lalaye, au pied "oriental de l'Ungersberg, à la Hinguerie (commune "de Lallemand-Rombach) et à Lubine ; 2° à l'E. de "St.-Hypolite où on le distingue de même au-"dessous du grès rouge et du grès des Vosges, près "de St.-Hypolite et Roderen, au N.-O. du château "de Hohen-Kœnigsburg, commune d'Orschwiller ; au "Schæntzel, près du Thœnnchel ; près de l'ancienne "verrerie de Ribeauvillé, à Thannenkirch et au Hurg, "près de Ste-Croix-aux-Mines ; 3° dans le bassin "situé entre le pied S. des Vosges et les petites "montagnes du Salbert et du ballon de Roppe, près "de Belfort ; il s'ý observe au-dessous du grès rouge "à Ronchamp et à la Charmé près d'Anjoutay (*)".

Le soulèvement du système du Nord de l'Angleterre coïncide avec l'anéantissement complet de cette luxuriante végétation qui couvrait la surface de la terre durant la période houillère.

Une grande quantité d'acide carbonique avait été

---

(*) Voltz. Géognosie des deux départements du Rhin.

fixée pendant cette période, l'air s'était épuisé et ses éléments tendaient peu à peu vers cet état de pondération qui permet aux deux règnes organiques d'exister l'un à côté de l'autre, en se fournissant réciproquement et dans une juste mesure les substances nécessaires à leur évolution régulière et simultanée (*).

Aussi la période du grès rouge est-elle signalée par l'apparition d'un assez grand nombre d'animaux de la classe des reptiles ; quelques géologues ont même prétendu reconnaître la trace d'un oiseau dans quelques empreintes creusées dans un grès de cette époque.

Le sol de l'Angleterre, de la Belgique et de la France se relève pour échapper à la formation pé-

---

(*) L'air renferme $\frac{4}{10,000}$ de son poids d'acide carbonique ou 0,00064 de carbone.

La quantité de carbone contenue dans l'atmosphère représente une couche de 1 millimètre de houille recouvrant la surface terrestre.

Un taillis bien garni renferme à peu près la même quantité de carbone qu'une couche de houille et deux millimètres de puissance.

La plus belle futaie renferme à peu près autant de carbone qu'une couche de houille de même étendue et de 6 millimètres de puissance.

Le bois contient en moyenne 0,50 de carbone.

Un hectare produit annuellement :

| | CARBONE. | HYDROGÈNE. | OXYGÈNE. | AZOTE. | CENDRES. |
|---|---|---|---|---|---|
| Bois de 58 ans.... | 1,754 kil. | 213 kil. | 1,507 kil. | 33 kil. | 48 kil. |
| Bois de 69 ans.... | 1,854 » | 225 » | 1,586 » | 36 » | 58 » |

Un homme de 30 à 40 ans brûle par heure en moyenne 11 grammes de carbone.

Une femme de 33 ans brûle en moyenne 9 gr. 5 c. de carbone.

Un hectare de forêt consomme en moyenne par heure 205 grammes de carbone.

Donc 23 personnes suffisent pour alimenter un hectare de bois.

néenne, tandis que la partie méridionale des Vosges s'affaisse et devient le réceptacle d'une mer au-dessus de laquelle se montre, toujours émergée, l'île de terrain de transition qui constitue la partie fonda-mentale des Vosges.

Le grès rouge s'est déposé sur les côtes de cette île, par dessus le terrain houiller qu'il recouvre en beaucoup de localités ; mais il est loin de lui faire une ceinture continue. Le grès rouge semble s'être borné à combler certaines dépressions dans le fond desquelles il se trouve concentré.

On le trouve dans la vallée de la Bruche, entre Urmatt et Lutzelhausen ; à partir des environs de St.-Dié et de Raon l'Etape, il s'étend d'une manière presque continue à travers toute la chaîne des Vosges, en suivant le fond de la grande lacune qui sépare les montagnes granitiques de Ste-Marie-aux-Mines du massif du Champ du feu (*). Il semble s'être déposé dans une vaste dépression qui exis-tait alors entre le massif du Champ du feu et le reste de la chaîne ; cette bande transversale de grès rouge se montre à nu dans plusieurs points du val de Villé ; on le trouve encore à Châtenois d'où il s'étend vers Kientzheim et Orschwiller ; à la partie méridionale de l'île triangulaire , vers St.-Germain, Romagny et Rougemont ; et enfin, plus bas encore, à Étuffont-le-haut d'où il s'étend dans la Haute-Saône par dessus le terrain houiller de Ronchamp.

(*) Elie de Beaumont. Explication de la carte géologique de France.

Je ne sache pas que quelqu'un avant nous ait signalé la présence de ce grès dans la vallée de Guebwiller. Cependant comme nous pourrions nous tromper et ne pas connaître tout ce qui a été dit sur ce sujet, nous nous hâtons de déclarer que nous faisons bon marché de cette question de priorité. Toujours est-il que, pendant cette période, la forme de notre canton a été légèrement modifiée par l'addition d'une bande demi-circulaire de grès rouge qui s'est déposée au pied des montagnes du Læger, montagnes qui formaient alors la pointe extrême de ce côté de la vallée. Il est probable que le grès rouge a jadis couvert une plus vaste étendue de terrain qu'aujourd'hui. Il se pourrait qu'une grande partie de ce grès eut été emportée en même temps que le grès vosgien qui a dû le recouvrir, et par la même masse d'eau qui a creusé dans ce dernier la partie orientale de notre vallée.

Le lambeau de grès rouge qui a survécu à cette destruction semble avoir été protégé contre l'action démolissante des eaux par la série de monticules formée par le Luspielkopf, le Kreyenbach et le Kirchenwuest, monticules qui s'avancent comme un môle dans une direction perpendiculaire à l'axe de la vallée et au fil des eaux courantes.

La formation de cette partie de nos montagnes a suivi de près le dépôt du grès rouge. Jusqu'alors le Bruderhaus était resté ouvert du côté de la plaine; l'éruption de porphyre qui eût lieu vers cette époque, soulève les monticules qui s'étendent depuis le Saulager jusqu'à la pointe du Hœltzlé et ferme ainsi le vallon du côté de l'Est. L'éruption de ces porphyres est un fait qui s'est produit d'une manière assez générale dans les Vosges; il semble marquer l'intervalle qui a séparé la période du grès rouge de celle du grès vosgien.

Le soulèvement du système des Pays—Bas et du Sud du pays de Galles qui eut aussi lieu pendant cet intervalle, ne modifia que très peu la configuration générale des terres alors existantes. C'est dans nos pays que ces effets se firent principalement sentir. L'île vosgienne que nous suivons si attentivement dans toutes ses manières d'être, parceque son histoire est la nôtre, l'île vosgienne s'enfonce peu à peu sous les eaux comme un navire qui sombre ; la chaîne de la Forêt-Noire exécute le même mouvement, et les eaux qui montent toujours le long des flancs des montagnes, déposent ces monceaux de sable et de cailloux roulés qui doivent constituer le grès vosgien. Mais le naufrage ne fut pas complet et l'île qui avait menacé de couler bas, ne s'abîma pas tout entière.

Par un mouvement inverse du précédent, elle se releva peu à peu, entourée d'une ceinture de grès qui, pendant cette immersion partielle, était venue s'ajouter aux terrains plus anciens qui entouraient déjà sa base. Pour le grès vosgien qui s'était étalé sur la côte occidentale de l'île, ce mouvement de bascule n'eut d'autre effet que de produire une légère inclinaison de couches dans le sens du N.-O.

Mais sur la côte orientale, le mouvement s'opéra avec son maximum d'étendue ; la côte n'emporta de ces masses sableuses que ce qui se trouvait suffisamment appuyé sur ses pentes abruptes ; le reste demeura englouti dans les profondeurs du détroit qui séparait les deux chaînes parallèles des Vosges et de la Forêt-Noire.

L'ensemble de ce grand dépôt arénacé forme un large plateau légèrement incliné vers le N.-O. et percé dans une partie de son étendue par la masse centrale de la chaîne des Vosges. La forme triangulaire de cette masse de montagnes permet de considérer le plateau de grès vosgien qui l'entoure comme étant formé par trois bandes ou rangées de montagnes, dont chacune correspond à l'un des côtés du triangle. Ces trois bandes sont loin d'avoir la même largeur ; celle-ci est déterminée par la position excentrique de la masse perforante ; ainsi la rangée de montagnes qui borde le côté Sud du triangle est étroite et fréquemment interrompue ; sur le côté N.-O. le grès vosgien forme une bande large et continue qui couvre une partie de la Lorraine et va se perdre à l'Ouest sous les formations plus récentes ; enfin sur le côté de l'Est, le grès vosgien ne forme qu'une bande morcelée qui ne s'étend que jusqu'à la hauteur de Guebwiller et de Soultz ; au Sud de ces deux localités, le triangle est ouvert et il existe une lacune dans la ceinture de grès.

Le grès vosgien de notre canton forme donc, avec celui de Soultz, l'extrémité de la falaise qui borde la partie orientale de la chaîne des Vosges. C'est dans les profondeurs de la plaine, nous l'avons déjà dit, qu'il faudrait chercher les fragments qui devaient jadis s'adapter aux pentes élevées et rapides qui bornent ces montagnes du côté du Rhin.

Les lambeaux de grès qui s'élèvent, d'un côté entre Guebwiller et Jungholtz, et de l'autre, entre Guebwiller et Soultzmatt, ont dû jadis faire partie d'un même banc de sable qui, tantôt à sec, tantôt envahi par la marée, s'étendait en avant de l'ouverture des trois vallées dont se composait alors sa partie montagneuse du canton (les vallées de Rimbach, de Murbach et de Lautenbach.)

Nous avons déjà parlé de l'inclinaison du plateau de l'Oberlinger dans la direction du N.-O., ainsi que du parallélisme qui existe d'une manière évidente entre le plan supérieur de ces dernières et le plateau sous-jacent formé par le terrain de transition.

Ces deux circonstances semblent indiquer que tout cet échafaudage, terrain de transition et grès vosgien, a été emporté par un mouvement de bas en haut, à la hauteur où ils se trouvent maintenant.

Les couches de la montagne de Soultz sont, au contraire, moins élevées que celles de la montagne voisine et inclinées vers le S.-O.

D'après ces données, ne pourrait-on pas admettre qu'il y a eu ici une de ces dislocations si fréquentes dans ces pays et qui ont tronçonné le grès des Vosges?

Cette déchirure aurait donc tracé la voie que les eaux devaient désormais parcourir. Ce premier sillon une fois creusé, différentes causes, grandes et petites, ont contribué à l'agrandir : d'abord, les mers qui postérieurement à l'époque vosgienne, sont successivement venues battre ces rivages, puis le cours d'eau qui prend sa source au fond de la vallée. Les eaux ont ainsi emporté la masse de sable qui reliait l'Oberlinger à l'Axwald et au Soultzerkopf, et ont creusé peu à peu la portion de vallée dans laquelle se trouve maintenant la ville de Guebwiller.

Le relèvement des couches de grès de l'Oberlinger avait aussi déterminé la forme générale du vallon de St.-Gangolf, de sorte que, dès cette époque, notre vallée avait acquis, à peu de chose près, sa configuration actuelle ; dès ce moment les principaux traits du tableau sont arrêtés, et, pour l'achever, il ne nous restera plus qu'à tracer quelques lignes autour des grandes masses que nous venons de décrire.

Nous venons de parler de l'évènement connu sous le nom de soulèvement du système du Rhin.

La vie, nous ne savons pour quelles causes, avait singulièrement langui pendant la période vosgienne, mais, à l'époque du trias, un souffle vivifiant semble s'épandre sur la terre qui se couvre de nouveau d'une innombrable quantité d'êtres organisés ; jamais, depuis l'époque houillère, la nature n'avait déployé une prodigalité et un luxe semblables. Les végétaux de cette époque sont [plus riches et plus parfaits ; le nombre des fougères et des équisetacées diminue, les conifères deviennent au contraire plus nombreux, enfin des arbres d'une organisation plus compliquée encore, de véritables décotylédones se montrent déjà dans la Flore de cette époque.

Le règne animal y est représenté par des sauriens et des oiseaux inconnus aux périodes précédentes. La mer qui a déposé le Muschelkalk était peuplée d'une immense quantité de mollusques.

Pendant cette période, la mer triasique baigne à son tour l'île vosgienne et, comme souvenir de son long séjour sur ces côtes, elle y dépose une nouvelle ceinture, concentrique aux précédentes et plus complexe que celle-ci, puisqu'elle est réellement composée de trois parties bien distinctes.

Ce terrain est encore plus morcelé et offre encore moins de continuité que le grès vosgien : ainsi les trois lambeaux de grès bizarré de St.-Gangolf, d'Orschwihr et d'Osenbach sont, je crois, les seules traces que la première phase de la période triasique ait laissées dans le Haut-Rhin. Dans le Bas-Rhin, ce grès se montre à Niederbronn, à Wasselonne près de la papeterie, à Soultz-aux-Bains, Heiligenberg, Urmatt, Gresswiller, Bœrsch, Ober-Ottrott, etc. A l'Ouest des Vosges il forme une longue bande continue qui s'étend parallèlement à cette chaîne de montagnes, dans toute la longueur de la Lorraine, et va disparaître, du côté de l'ouest, sous les couches de formation plus récente.

Ce grès ne constitue jamais les sommités ni la masse des hautes montagnes des Vosges. La falaise de grès vosgien, dit M. Elie de Beaumont, a dû dominer de toute sa hauteur actuelle, la nappe d'eau dans laquelle s'est déposé le grès bigarré.

Voici, ce me semble, quel devait être, à cette époque, l'aspect de notre pays. Les eaux s'étendaient, comme aux époques précédentes, jusqu'aux anciennes vallées de Murbach et de Lautenbach, mais au lieu que les embouchures de ces vallées se trouvaient autrefois directement en regard de la pleine mer, une grande île de sable s'était élevée devant elles et avait converti l'ancienne baie sur laquelle elles s'ouvraient, en deux chenals dont l'un passait sur l'emplacement de Bühl et de Guebwiller, tandis que l'autre suivait la ligne qui est jalonnée par les villages de Wintzfelden, Soultzmatt et Westhalten. Un observateur placé auprès du village de Lautenbach et regardant, de ce point, du côté de la plaine, se ferait une assez bonne idée de l'état des choses à l'époque dont nous parlons, si, par un effort d'imagination qui ne semble ne pas excéder la puissance de cette complaisante faculté, il se donnait la peine de supposer la mer à ses pieds et entourant à peu près complètement le pâté de grès qui lui dérobe la vue de la plaine. L'Oberlinger formait alors un presqu'île qui séparait les deux rades de Guebwiller et de Wintzfelden et se rattachait à la grande terre par un isthme étroit qui se trouvait au Bahnstein, derrière St.-Gangolf.

Il est probable que la mer du grès bigarré, pendant son séjour dans notre pays, a démoli encore plus qu'elle n'a édifié. Elle a dû puissamment contribuer à déblayer la portion de vallée qui s'étend entre Guebwiller et Bühl, et ce qu'elle nous a laissé se réduit aux deux bandes de grès bigarré que nous avons décrites dans le chapitre précédent ; le point où ce terrain s'est déposé semble avoir été abrité par les pentes du Schinberg contre l'action des flots qui s'agitaient alors dans cet estuaire.

Plus tard le muschelkalk vint augmenter un peu le relief du versant oriental de l'Oberlinger ; quant aux marnes irisées, ce troisième membre de la formation du trias, que l'on est presque toujours sûr de rencontrer dans le voisinage des deux précédents, on ne les trouve pas, à proprement parler, dans notre canton, mais il suffit de faire quelques pas au-de-là de ses limites, pour faire connaissance avec ce terrain. Le bassin de Wintzfelden nous offre, dans un espace très restreint, la réunion des trois sous-étages de la formation triasique ; au point de vue géologique, cette localité est certainement l'une des plus intéressantes de l'Alsace et nous ne saurions trop engager à les visiter, les personnes chez lesquelles nous serons parvenu à développer le goût dans ce genre d'études.

L'absence du sous-étage supérieur de cette formation nous autorise à admettre que la mer ne pénétrait pas jusque dans notre vallée pendant ce dernier acte de la période triasique, tandis que, à la même époque et à quelques pas de nous, dans le bassin de Wintzfelden et d'Osenbach, il existait une rade qui communiquait avec la haute mer par un goulet très étroit. resserré entre les montagnes du

Heidenberg et du Grospfingstberg qui forment maintenant le vallon dans lequel s'allonge le bourg de Soultzmatt.

Le soulèvement du Thuringerwald occasionna de grands changements dans la distribution des terres et des mers à la surface du globe et sans enlever à notre canton un privilège dont il jouissait depuis longtemps, celui de faire partie d'un côte maritime, cet évènement modifia d'une manière très-remarquable l'île vosgienne et le bassin des mers qui, à différentes reprises, l'avaient complètement entourée. A partir de cette époque, la masse principale des Vosges cessa d'affecter la forme insulaire ; cette chaîne ainsi que celle de la Forêt-Noire formaient alors deux presqu'îles qui s'allongeaient parallèlement, l'une à côté l'autre, dans la direction du N. au S. et se terminaient toutes deux à peu près sur le parallèle de Bâle. Dans l'intervalle de ces deux chaînes se trouvait encadré un magnifique golfe qui s'étendait jusque vers la partie septentrionale du Bas-Rhin, et qui s'ouvrait, au Sud, sur une vaste mer qui couvrait la Lorraine, la Champagne, la Bourgogne, la Suisse, la Bavière, etc.

Des lambeaux de calcaire jurassique, dispersés comme les grains d'un chapelet, en séries longitudinales, à la base des deux chaînes opposées, nous indique les bords de l'ancien golfe de Bade et d'Alsace. Le Bollenberg est l'un de ces lambeaux. La mer jurassique couvrait la plaine d'Orschwihr ; les bras qu'elle jetait dans les vallées voisines, comme celles de Soultzmatt et de Guebwiller, figuraient des ports dont les rivages couverts de cycadées, de conifères, de palmiers même, devaient présenter un ravissant spectacle ; mais il manquait des spectateurs à cette scène, car l'époque de l'apparition de l'homme sur la terre était encore bien éloignée. Ce pays enchanteur était fréquenté par de singuliers hôtes ; l'ichthyosaurus, par exemple, dans l'organisation duquel on retrouve le bizarre assemblage d'organes qui appartiennent en propre à différentes classes bien distinctes de nos animaux actuels ; qu'on se figure un animal de 7 à 8 mètres de long, pourvu d'une tête de crocodile, dans laquelle se meuvent des yeux gros chacun comme une tête humaine ; ajoutez à celà de nageoires de baleine et la colonne vertébrale de nos poissons ordinaires ; voilà l'un des immenses sauriens de la mer jurassique.

Le plésiosaurus ressemble encore moins à tout ce que nous connaissons : une tête de lézard emmanchée d'un long cou semblable à un énorme serpent, lequel s'ajustait à un tronc de cétacé. Il y avait encore le mosasaurus, le megalosaurus, animaux non moins fantastiques en apparence que les précédents et dont la Providence, qui n'a jamais de caprices, avait accommodé les organes aux conditions biologiques au milieu desquelles ils étaient appelés à accomplir leur destinée.

Le soulèvement du système de la Côte-d'Or qui releva au-dessus des mers une partie des dépôts jurassiques, amena aussi de très-grands changements dans les rapports de nos pays avec les eaux de la mer. Celles-ci se retirèrent loin de nous et les

Vosges se trouvèrent en terre ferme. Nous faisions alors partie d'un vaste continent, allongé du S.-O. au N.-O., dont la côte septentrionale s'étendait irrégulièrement depuis la Champagne et la Belgique jusqu'aux environs de Cracovie. Les terrains crétacés se déposèrent donc loin de nous et ce serait bien inutilement que l'on en chercherait des traces dans nos contrées.

La période tertiaire comprend une série de changements survenus à la surface de la terre, changements qui eurent pour effet de modifier profondément les conditions de l'existence des êtres et de préparer, pour ainsi dire, l'avénement de l'homme. Les contours des continents commençaient à ressembler à ce qu'ils sont aujourd'hui, et les animaux qui les peuplaient se rapprochaient de plus en plus, par leurs formes, des animaux de l'époque actuelle ; les sauriens gigantesques des époques précédentes avaient fait place à de nombreux mammifères, comme le paléothérium et l'anoplotherium. Cependant des portions de terre assez considérables faisaient saillie au-dessus des eaux, tandis que celles-ci s'amassaient dans des dépressions nouvellement formées ; des mers intérieures, des golfes, des lacs d'eau douce prirent ainsi naissance ; le terrain parisien se déposa au fond d'un de ces golfes qui était compris dans les limites de ce que nous appelons bassin parisien.

Sur des points plus rapprochés de nous se formèrent plus tard les calcaires grossiers, les poudingues et les molasses qui caractérisent le terrain tertiaire du Haut-Rhin. Presque tout le Sundgau est constitué par ce terrain ; les personnes auxquelles la science n'est pas indifférente, n'oublieront pas, lorsque l'occasion s'en présentera, de s'arrêter auprès du nouveau sujet d'observation que je signale à leur attention. Nos montagnes ont formé le rivage de certaines de ces masses d'eau qui ont successivement inondé la Haute-Alsace ; les collines de Soultz, de Rouffach, de Hattstatt, sont là pour l'attester. Ces golfes ou lacs devaient être parfois agités par des tempêtes d'une violence extraordinaire ; comment expliquerions-nous, sans cela, la présence de ces énormes blocs de roches dans le tertiaire marin de Soultz ?

Le dépôt du terrain subappennin, qui suivit immédiatement le soulèvement des Alpes occidentales, vint clore la série des formations tertiaires. Ce dépôt s'effectua loin de nous ; il n'influa en rien sur la forme de nos montagnes qui était fixée d'une manière définitive. Cependant l'espace qui s'étend entre les deux chaines parallèles, depuis Guebwiller et Soultz jusqu'à la base des montagnes de la Forêt-Noire, ne présentait pas, comme aujourd'hui, l'aspect d'une plaine unie ; cet espace était concave, déprimé, hérissé très probablement de monticules formés par les différents terrains neptuniens qui s'étaient successivement déposés en Alsace et dans le pays de Bade.

Le diluvium eut pour effet de combler cette dépression et de la convertir en une surface parfaitement nivelée. Les matériaux qui ont servi à ces remblais consistent surtout en une immense quantité de cailloux roulés que l'on trouve en couches plus ou moins épaisses et à des profondeurs variables dans toute la plaine du Rhin; par-dessus ces galets s'est déposée cette couche de Lœhm ou de Lœss que M. Daubrée considère comme de la boue des anciens glaciers des Alpes, boue qui aurait été charriée à travers la plaine du Rhin par un courant dirigé du S. au N. C'est tout simplement à cette boue de glaciers que l'Alsace doit sa grande fertilité et le privilège qui lui était réservé, de devenir plus tard l'une des plus belles provinces de l'un des plus beaux pays du monde.

Ici se termine l'histoire géologique de notre pays; l'œuvre de la création était presque achevée; la terre était préparée pour recevoir son maître; il ne manquait plus que le couronnement de l'œuvre, l'apparition de l'homme sur la terre. A partir du moment où l'homme prend possession de son empire, l'histoire de la terre se confond avec l'histoire de l'humanité.

# APPENDICE.

—◦—

Il m'est arrivé plusieurs fois, dans le cours de ce mémoire, de traiter incidemment de différentes questions relatives à l'hygiène publique et notamment de la question des eaux potables. M. Larger, pharmacien dans notre ville, qui de son côté s'est occupé de la même question d'une manière toute spéciale, a eu l'obligeance de me communiquer son travail et de m'offrir sa collaboration pour la rédaction de cette notice; je crois agir dans l'intérêt de mes lecteurs en leur faisant part des résultats auxquels l'analyse chimique nous a conduits.

Nous reproduisons plus loin le tableau comparatif des substances minérales trouvées, d'abord, dans l'eau de la fontaine coulante de la place du vieux marché (Stockbrunnen) et ensuite, dans trois différentes qualités d'eau puisées dans trois puits situés, l'un au centre, et les deux autres aux deux extrémités opposées de la ville.

Dans la construction de ce tableau nous nous sommes surtout occupés de donner le poids exact des bases contenues dans un litre d'eau. Les acides qui sont combinés à ces dernières sont ceux que l'on rencontre habituellement dans toutes les eaux potables, (acides carbonique, sulfurique, chlorhydrique).

Cependant il est à remarquer que l'on y trouve en outre une très-grande proportion d'acide phosphorique; ce fait mérite de ne pas être passé sous silence, et son explication dépend de circonstances spéciales et tout-à-fait locales.

| STOCKBRUNNEN. | | MAISON DITE DEUTSCH HAUS. | | PRÈS DE L'HÔTEL DE VILLE. | | PRÈS DE LA PORTE HAUTE. | |
|---|---|---|---|---|---|---|---|
| Soude | 0,1229 | Soude | 0,1901 | Soude | 0,0889 | Soude | 0,3502 |
| Potasse | 0,0934 | Potasse | 0,2119 | Potasse | 0.0514 | Potasse | 0,3501 |
| Chaux | 0,0065 | Chaux | 0,0783 | Chaux | 0,7598 | Chaux | 0,0897 |
| Magnésie | 0,0028 | Magnésie | 0,0064 | Magnésie | 0,1004 | Magnésie | 0,0032 |

Chacun sait, sans doute, que les eaux les mieux appropriées aux usages domestiques sont celles qui ne sont pas trop chargées de sels de chaux et de magnésie; l'eau du Stockbrunnen, remplit très bien ces conditions; elle contient ces sels dans de justes proportions; ni trop, ni trop peu. C'est l'eau qui a servi de type pour les analyses.

L'eau dont la composition se rapproche le plus de celle du Stockbrunnen est celle du bas de la ville; l'eau de la ville haute, inférieure en qualité à celle des puits de la ville basse, vaut infiniment mieux cependant que celle de la partie moyenne, où les chiffres qui représentent les proportions de chaux et de magnésie s'élèvent jusqu'à 0,7598 et 0,1004. Remarquons encore, en passant, que l'eau de la partie inférieure de la ville est très riche en sels de potasse, tandis que, dans la partie supérieure, ce sont les sels de soude qui dominent.

Pour expliquer la présence de l'acide phosphorique dans l'eau de certains puits de la ville de Guebwiller, voici la seule hypothèse qui nous semble pouvoir être admise.

Il a existé pendant plusieurs siècles un vaste cimetière autour de chacune des deux anciennes églises de Guebwiller (l'église St.-Léger et l'église des Dominicains). Il y a 20 années à peine que le premier a été supprimé, l'autre a été abandonné en 1793. Il s'est accumulé dans ces points une immense quantité d'ossements humains. Les eaux d'infiltration entraînent les principes salins de ces ossements (phosphates) et vont les distribuer dans les parties souterraines de la ville où elles ont accès; le sous-sol de notre ville est très meuble et permet le transport de ces matières à des distances assez éloignées de leur point de départ.

Chose remarquable, l'acide phosphorique se rencontre surtout dans les eaux souterraines de la partie de la ville située entre la rivière et la rue principale, et particulièrement dans le voisinage des deux cimetières dont nous avons parlé.

Le même fait se présente à Bühl. On agitait tout récemment dans cette commune la question du choix d'un emplacement pour un nouveau cimetière (jusqu'à présent le cimetière a toujours existé autour de l'église, sur la partie la plus élevée du village.) M. A. Gast, alors en mission dans la vallée de Guebwiller à l'occasion de l'épidémie du choléra, soupçonnant que les eaux de certains puits, surtout dans la partie la plus déclive du village, pourraient bien être altérées par la présence de phosphates, donna le conseil de transporter le cimetière dans quelque partie basse et située à une distance convenable des habitations. L'analyse chimique a pleinement justifié ces prévisions; il existe en effet une notable quantité de phosphates dans l'eau des puits que M. Gast nous avait désignés.

Il résulte de là, nous sommes bien fâchés de le dire, que bon nombre des habitants de Guebwiller et des environs, boivent, sans s'en douter, les os de leurs ancêtres sous forme d'une dissolution plus ou moins concentrée de phosphate de chaux.

Il nous importerait assez peu d'avoir provoqué un petit sentiment de dégoût chez nos lecteurs, si, par cette révélation, nous pouvions atteindre certains résultats qui, à nos yeux, sont de la plus haute importance; si, par exemple, les communes rurales prenaient le parti de supprimer définitivement les cimetières qui existent encore au centre des villages, et si nous pouvions hâter le moment où l'administration de la ville mettra à notre disposition des eaux plus salubres et qui sont tout-à-fait à notre portée.

# ERRATA.

| Page | ligne | au lieu de | lisez |
|---|---|---|---|
| 2 | 12 | cette | *cet* |
| 4 | 14 | subie | *subies* |
| 4 | 19 | compositon | *composition* |
| 15 | 9 | contre fort | *contrefort* |
| 18 | 4 | auquelles | *auxquelles* |
| 19 | 17 | incessament | *incessamment* |
| 21 | 22 | nù | *nu* |
| 26 | 8 | contigues | *contigus* |
| 28 | 1 | de | *du* |
| 64 | 30 | en considérons | *considérons* |
| 78 | 29 | différentes | *différents* |
| 128 | 16 | bizarré | *bigarré* |
| 139 | 19 | 20 années | 40 années |

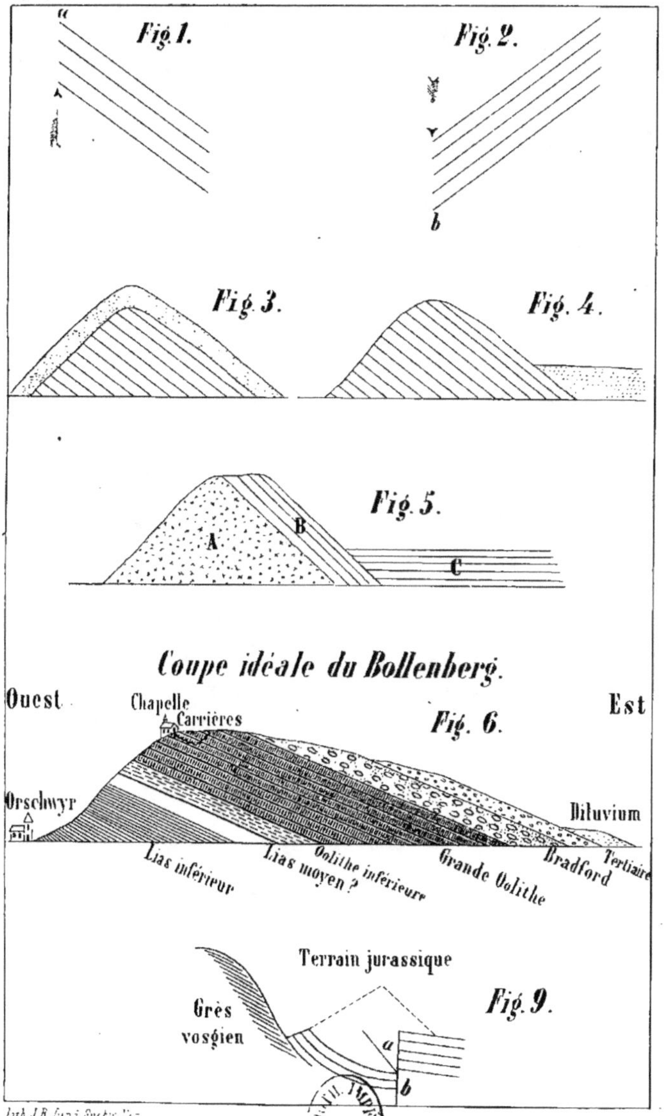

Fig. 1.
a
Fig. 2.
b
Fig. 3.
Fig. 4.
Fig. 5.
A
B
C
Coupe idéale du Bollenberg.
Ouest
Est
Chapelle
Carrières
Fig. 6.
Orschwyr
Diluvium
Lias inférieur
Lias moyen ?
Oolithe inférieure
Grande Oolithe
Bradford
Tertiaire
Terrain jurassique
Grès vosgien
a
b
Fig. 9.
Lith. J. B. Jung, Strasbourg.

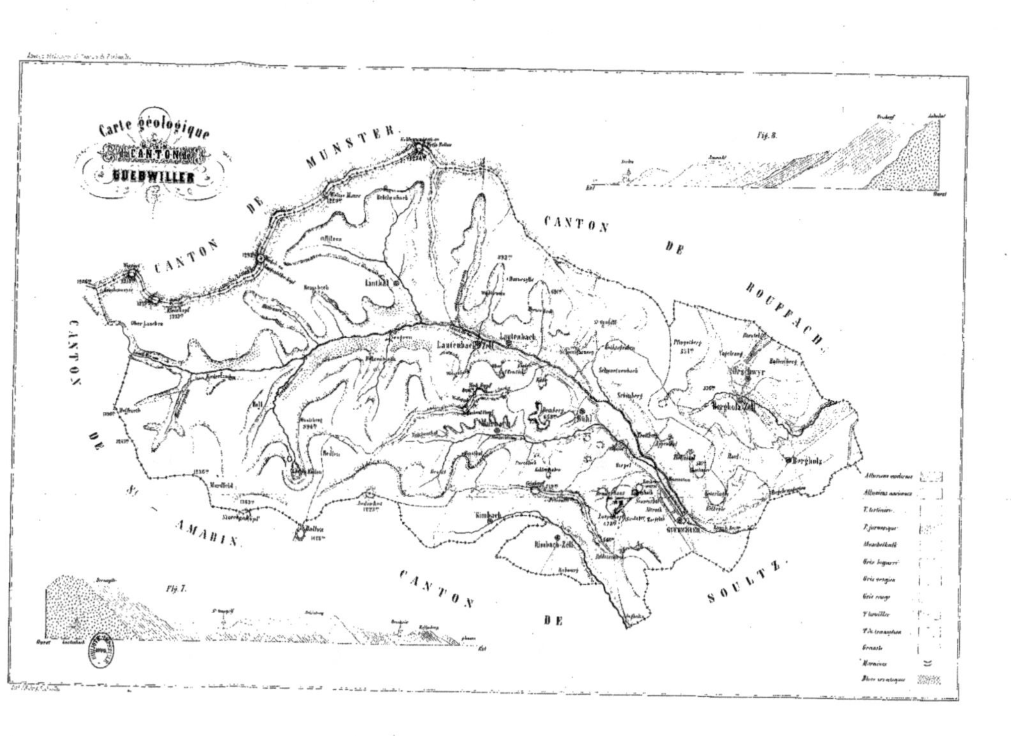

Carte géologique
du CANTON de
GUEBWILLER
CANTON DE MUNSTER
CANTON DE ROUFFACH
CANTON DE SOULTZ
CANTON DE St AMARIN
Fig. 7.
Fig. 8.
Alluvions modernes
Alluvions anciennes
T. tertiaire
T. jurassique
Muschelkalk
Grès bigarré
Grès vosgien
Grès rouge
T. houiller
T. de transition
Granite
Moraines
Blocs erratiques

www.ingramcontent.com/pod-product-compliance
Lightning Source LLC
Chambersburg PA
CBHW061346060726
47597CB00003B/737